Verlag von Julius Springer in Berlin N.

Waldbeschädigungen durch Thiere
und Gegenmittel.
Von
Dr. Bernard Altum,
Professor der Zoologie an der Königl. Forstakademie Eberswalde und Dirigent der zoologischen Abtheilung bei der Preuß. Hauptstation des forstlichen Versuchswesens in Preußen.

Mit 81 Holzschnitten. — Preis M. 5,—; in Leinwand geb. M. 6,—.

Die Fischerei im Walde.
Ein Lehrbuch der Binnenfischerei für Unterricht und Praxis
von
Hugo Borgmann,
K. Preuß. Forstmeister.

Mit 149 in den Text gedruckten Abbildungen. — Preis M. 7.—; in Leinw. geb. M. 8,—.

Die Pflanzenzucht im Walde.
Ein Handbuch
für Forstwirte, Waldbesitzer und Studierende.
Von
Dr. Hermann Fürst,
k. bayr. Oberforstrath, Direktor der Forstlehranstalt Aschaffenburg.

Dritte vermehrte und verbesserte Auflage.

Mit 52 in den Text gedruckten Holzschnitten. — Preis M. 6,—; in Leinw. geb. M. 7,—.

Forstliche Bodenkunde und Standortslehre.
Von
Dr. E. Ramann,
Docent an der Forstakademie Eberswalde und Dirigent der chemisch-physikalischen Abtheilung bei der Preuß. Hauptstation des forstlichen Versuchswesens.

Mit 33 in den Text gedruckten Abbildungen.

Preis M. 10,—; in Leinwand geb. M. 11,20.

Leitfaden für den Waldbau.
Von
W. Weise,
Königl. Preuß. Oberforstmeister und Direktor der Forst-Akademie zu Hann.-Münden.

Zweite verbesserte Auflage.

Preis M. 3,—; — in Leinwand geb. M. 4,—.

Leitfaden für das Preußische Jäger- und Förster-Examen.
Ein Lehrbuch
für den Unterricht der Forstlehrlinge auf den Revieren, der gelernten Jäger bei den Bataillonen und zum Selbstunterricht der Forstaufseher.
Von
G. Westermeier,
Königl. Preuß. Oberförster zu Falkenwalde bei Stettin.

Mit 140 Holzschnitten, einer Spurentafel, 3 Bestimmungstabellen und 7 Beilagen.

Achte vermehrte und verbesserte Auflage.

Preis M. 5,—; geb. M. 6,—.

Die Rentabilität der Forstwirtschaft.
Von
W. Trebeljahr,
Königl. Forstassessor.

Preis M. 1,40.

Zu beziehen durch jede Buchhandlung.

Verlag von Julius Springer in Berlin N.

Lehrbuch der Forstwissenschaft.
Für Forstmänner und Waldbesitzer.
Von
Dr. Carl von Fischbach,
Fürstlich Hohenzollernschem Ober-Forstrath.
Vierte vermehrte Auflage.
Preis M. 10,—; in Halbfranz geb. M. 12,—.

Lehrbuch der Waldwertrechnung und Forststatik.
Von
Dr. Max Endres,
o. Professor der Forstwissenschaft an der Technischen Hochschule zu Karlsruhe.
Mit 4 in den Text gedruckten Figuren.
Preis M. 7,—; in Leinwand geb. M. 8,20.

Lehrbuch der Forsteinrichtung
mit besonderer Berücksichtigung der Zuwachsgesetze der Waldbäume.
Von
Dr. Rudolf Weber,
Professor an der Universität München.
Mit 139 graphischen Darstellungen im Text und auf 3 Tafeln.
Preis M. 12,—; in Leinwand geb. M. 13,20.

Lehrbuch der Baumkrankheiten.
Von
Dr. Robert Hartig,
Professor an der Universität München.
Zweite verbesserte und vermehrte Auflage.
Mit 137 Textabbildungen und einer Tafel in Farbendruck.
In Leinw. geb. Preis M. 10,—.

Handbuch der Forst- und Jagdgeschichte Deutschlands.
Von
Dr. Adam Schwappach,
Professor an der Forstakademie Eberswalde.
I. Lieferung: Von den ältesten Zeiten bis zum Schluss des Mittelalters (1500).
Preis M. 6,—.
II. Lieferung: Vom Schluss des Mittelalters bis zum Ende des 18. Jahrhunderts (1500-1790).
Preis M. 9,—.
III. (Schluss-) Lieferung: Vom Ende des 18. Jahrhunderts bis zur Neuzeit.
Preis M. 5,—.
Preis des vollständigen Werkes (2 Bände) M. 20,—.

Grundriß der Forst- und Jagdgeschichte Deutschlands.
Von
Dr. Adam Schwappach,
Professor an der Forstakademie Eberswalde.
Zweite, vollständig neubearbeitete Auflage.
Preis M. 3,—.

Handbuch der Forstverwaltungskunde.
Von
Dr. Adam Schwappach,
Professor an der Forstakademie Eberswalde.
Preis M. 5,—; in Leinwand geb. M. 6,—.

Zu beziehen durch jede Buchhandlung.

Verlag von Julius Springer in Berlin N.

Kubik-Tabelle
zur Bestimmung des Inhalts von Rundhölzern nach Kubikmetern und Hundert-
theilen des Kubikmeters.
Mit angehängten Reduktionstafeln
von **H. Behm**.
Sechzehnte vermehrte Auflage. Preis geb. M. 1,20.

Hierzu erschien ein Nachtrag (für außergewöhnliche Längen) Preis M. 0,25.
sowie als Anhang: **Kubiktabelle für Rundhölzer**,
welche zu Längen von 2,5 m und 2,7 m und deren Vielfachen ausgehalten werden. Preis M. 0,10.

Grubenholz-Kubiktabelle.
Vierstellige Hülfstafel
zur Bestimmung des Kubikinhaltes einer Mehrzahl von Rundhölzern (insbesondere Grubenhölzern)
gleicher Stärke und Länge innerhalb der Mitten-Durchmesser von 9 bis 24 cm u. der Längen von 1 bis 4 m
berechnet von **E. Behm**,
Geheimer expedirender Sekretär und Kalkulator im Königl. Preußischen Ministerium für Landwirthschaft, Domänen und Forsten.
Preis M. 0,30.

Hülfs-Tafeln
für Taxwerth-, Preis- und Lohn-Berechnungen bei gegebenen Einheitssätzen nach
der Reichsmarkwährung
von **H. Behm**.
Zweite, unveränderte Auflage.
Preis kart. M. 2,20.

Tafeln zur Berechnung rechtwinkliger Coordinaten.
im Auftrage des Herrn Finanzministers
bearbeitet von **C. F. Defert**.
Stereotypdruck mit in den Text gedruckten Holzschnitten und einer lithogr. Uebersichtskarte.
Zweite, vermehrte Auflage. — Preis M. 8,—.

Anleitung zur Ausführung von Einrichtungsarbeiten in den Königl. Preuss. Staatsforsten:
Die Horizontalaufnahme bei Neumessung der Wälder
bearbeitet von **C. F. Defert**.
Mit in den Text gedruckten Holzschnitten
und 7 lithographirten Tafeln.
Preis geb. M. 10,—.

Kreisflächen-Tafeln
nach Metermaß berechnet
bei der Königl. Preuß. Hauptstation des forstlichen Versuchswesens zu Eberswalde
von **A. Eberts**.
Preis kart. M. 1,60.

Taschenbuch zu Erdmassen-Berechnungen bei Waldwegebauten
in ebenem und geneigtem Terrain.
Von **Dr. F. Grundner**.
Mit in den Text gedruckten Holzschnitten.
Preis geb. M. 3,—.

Untersuchungen über die Querflächen-Ermittelung der Holzbestände.
Ein Beitrag zur Lehre von der Bestands-Massenaufnahme.
Von **Dr. F. Grundner**.
Preis M. 0,80.

Waldvermessung und Waldeintheilung.
Anleitung für Studium und Praxis.
Von **Adolf Runnebaum**,
Kgl. Forstmeister und Docent der Geodäsie und Waldwegebaulehre an der Forstakademie zu Eberswalde.
Mit 78 in den Text gedruckten Figuren und 7 Tafeln.
Preis M. 5,—; in Leinwand geb. M. 6,—.

Leitfaden der Holzmeßkunde.
Von **Dr. Adam Schwappach**,
Professor an der Forstakademie Eberswalde.
Mit 24 in den Text gedruckten Abbildungen.
Preis M. 3,—; geb. M. 4,—.

Zu beziehen durch jede Buchhandlung.

Massen-Tafeln

zur Bestimmung

des Gehaltes stehender Bäume an Kubikmetern
fester Holzmasse,

berechnet und zusammengestellt

von

H. Behm,

Geh. Rechnungsrath im Ministerium für Landwirthschaft, Domänen und Forsten.

Zweite Auflage.
Zweiter Abdruck.

Berlin 1886.

Verlag von Julius Springer
Monbijouplatz 3.

ISBN-13: 978-3-642-89526-5　　　　e-ISBN-13: 978-3-642-91382-2
DOI: 10.1007/978-3-642-91382-2
Softcover reprint of the hardcover 2nd edition 1886

Inhaltsverzeichniß.

	Seite
Einleitung	3–6
Eichen mit Aesten.	
Massentafel für Eichen über 150 Jahr	8. 9
Richthöhen zu derselben	10. 11
Baumformzahlen	12. 13
Buchen mit Aesten.	
Massentafel für haubare Buchen über 90 Jahr	16. 17
Richthöhen zu derselben	18. 19
Baumformzahlen	20. 21
Massentafel für angehend haubare Buchen von 60 bis 90 Jahr . . .	22. 23
Birken mit Aesten.	
Massentafel für Birken von 35 bis 75 Jahr	24
Kiefern mit Aesten.	
Massentafel für haubare Kiefern über 90 Jahr	26. 27
Massentafel für angehend haubare Kiefern von 60 bis 90 Jahr . . .	28. 29
Fichten ohne Aeste.	
Massentafel für haubare Fichten über 90 Jahr	32–34
Massentafel für angehend haubare Fichten von 60 bis 90 Jahr . . .	35
Schaftformzahlen, welche bei Berechnung der Massentafel für angehend	
haubare Fichten angewandt sind	36
Tannen ohne Aeste.	
Massentafel für haubare Tannen über 90 Jahr	38–40
Massentafel für angehend haubare Tannen von 60 bis 90 Jahr . . .	41
Lärchen ohne Aeste.	
Massentafel für haubare Lärchen über 90 Jahr	44
Massentafel für angehend haubare Lärchen von 60 bis 90 Jahr . . .	45
Kreisflächen und **Kreisumfänge** der Durchmesser von 1 bis 150 Centimeter	46

Einleitung.

Die nachfolgenden Massentafeln sind dazu bestimmt, die Ermittelung des Holzmassen-Vorrathes stehender Holzbestände, welche durch Berechnung des Kubikgehaltes der einzelnen Baumstämme aus deren Gesammthöhe und Durchmesser bei Brusthöhe unter Anwendung von Formzahlen geschehen soll, dadurch zu vereinfachen, daß sie specielle Untersuchungen über die Formzahlen entbehrlich machen und die Berechnung des Festgehaltes aus den drei genannten Faktoren ersparen.

Zu diesem Zwecke ist der Massengehalt der einzelnen Baumstämme aus den Abmessungen:

    a) Höhe des Baumes in vollen Metern,
    b) Durchmesser bei Brusthöhe in geraden Centimetern,

nach durchschnittlichen, vielfachen erprobten Erfahrungssätzen in Kubikmetern fester Holzmasse (Festmetern) berechnet und das Resultat dieser Berechnungen in tabellarischer Form zusammengestellt worden.

Für die Berechnung haben unter Berücksichtigung der Resultate von Untersuchungen in Preußischen Staatsforsten hauptsächlich die Bayerschen Massentafeln insoweit zur Grundlage gedient, als die zu den letzteren von 10 zu 10 Fuß Bayrisch Höhe, resp. 1 zu 1 Decimalzoll Durchmesser Stärke angegebenen Formzahlen benutzt sind, um für die zwischen und neben liegenden Meter-Dimensionen entsprechende Formzahlen oder Richthöhen (Baumhöhe mal Formzahl) durch Interpolation zu gewinnen. Um den Gang der vorliegenden Arbeit möglichst klar zu legen, sind die in Rechnung gebrachten Richthöhen und Formzahlen durchweg, wo es sein mußte, in besonderen Tafeln angegeben.

Bei Eichen, Buchen, Birken und Kiefern ist die Berechnung der Massen durch Multiplikation der interpolirten Richthöhen mit der Kreisfläche bewirkt worden, und die gleichzeitig angegebenen Baum-Formzahlen sind lediglich abgerundete Quotienten aus der Division dieser Richthöhen durch die entsprechende Baumhöhe. Bei Tannen und Lärchen und für haubare Fichten, wo lediglich der Baumstärke ein Einfluß auf die Formzahlen-Reihe eingeräumt ist, sind die berechneten Massen dagegen Produkte aus den drei Faktoren: Kreisfläche des angegebenen Durchmessers, Baumhöhe und Schaft-Formzahl. Ebenso für angehend haubare Fichten, wo der Baumhöhe nur bis zu einer gewissen Grenze, nicht aber durchweg ein Einfluß auf die Schaft-Formzahl belassen ist.

Bei der Benutzung der Tafeln ist Folgendes zu beachten:

1. Die Tafeln geben nur den Massengehalt des oberirdischen Stammes an, und zwar:

a) für Eichen, Buchen, Birken und Kiefern mit den Aesten (nach Baum=Formzahl),

b) für Fichten, Tannen und Lärchen ohne Aeste (nach Schaft=Formzahl), lassen jedoch auch von dem oberirdischen Holze (außer den Aesten ad b) noch unberücksichtigt:

α) alles Holz unter 3 Centimeter Durchmesserstärke,

β) den bei der Aufarbeitung dem Stockholze (Stubben=, Stuckenholze) zufallenden oberirdischen Stammtheil, dessen Höhe bei schwächeren Stämmen auf 15 Centimeter, bei stärkeren bis zu 45 Centimeter über der Erde angenommen ist.

2. Die in ganzen Metern in der Ueber= und Unterschrift der Tafeln angegebenen Höhen beziehen sich auf die zu ermittelnde Höhe des Baumes bis zur äußersten Spitze (Scheitelhöhe). Für diese Höhen und für die in geraden Centimetern verzeichneten Durchmesser in Brusthöhe (bei 1,3 Meter über den Fußpunkt gemessen) sind die Kubikinhalte in fester Masse nach ganzen und 0,01 Kubikmetern angegeben.

3. Die Tafeln sind zunächst nur aufgestellt:

für über 150jährige Eichen,

für über 90jährige und 60= bis 90jährige Buchen und Nadelhölzer,

und für 35= bis 75jährige Birken,

sie werden jedoch auch für jüngere Hölzer angewandt werden können. Das Schlußresultat wird dann aber, je nach der Differenz des Alters:

bei Eichen unter 150 Jahren um 5 bis 10 %

bei Buchen unter 60 Jahren um 6 bis 10 %

bei Birken unter 35 Jahren um 2 bis 4 %

bei Kiefern und Fichten unter 60 Jahren um 2 bis 6 %

bei Tannen unter 60 Jahren um 4 bis 8 %

zu ermäßigen sein.

4. Wenn es erforderlich wird, aus den durch die Tafeln gefundenen Festmetern auch noch die Zahlen für die einzelnen Sortimente zu bestimmen, so kann solches zwar mit Genauigkeit nur nach Sortiments=Verhältnißzahlen bewirkt werden, welche aus vergleichbaren Hauungsergebnissen speciell zu ermitteln sind. Für ungefähre Berechnungen in Beziehung auf Hochwaldbestände von mittlerem Schlusse werden jedoch zur Zerlegung der aus den Tafeln gefundenen festen Holzmasse in die bei der Preußischen Staatsforstverwaltung üblichen drei Sortimente:

a) unter 7 Centimeter Durchmesser (Reisig),
b) von 7 bis unter 14 Cent. Durchmesser } Derbholz { Knüppel
c) von 14 Cent. und darüber Durchmesser } Derbholz { Scheit- u. Nutzholz
folgende Durchschnittssätze einen Anhalt bieten können:

Durchmesser bei 1,3 Meter Höhe.	Eichen mit Aesten			Buchen mit Aesten			Birken mit Aesten			Kiefern mit Aesten			Andere Nadelhölzer ohne Aeste		
	Nutzholz u. Scheite	Knüppel	Reiser von 3 bis unter 7 Cent. Durchm.	Nutzholz u. Scheite	Knüppel	Reiser von 3 bis unter 7 Cent. Durchm.	Nutzholz u. Scheite	Knüppel	Reiser von 3 bis unter 7 Cent. Durchm.	Nutzholz u. Scheite	Knüppel	Reiser von 3 bis unter 7 Cent. Durchm.	Nutzholz u. Scheite	Knüppel	Reiser von 3 bis unter 7 Cent. Durchm.
Cent.	Prozente des gesammten Festgehalts nach der Tabelle														
20	45	46	9	40	50	10	45	35	20	45	47	8	60	38	2
25	63	30	7	61	30	9	56	30	14	62	32	6	75	24	1
30	74	20	6	76	16	8	70	18	12	78	17	5	90	9	1
35	79	16	5	79	14	7	78	12	10	85	11	4	95	4	1
40	80	15	5	80	13	7	82	9	9	87	9	4	97	3	.
45	82	14	4	81	12	7	83	8	9	88	8	4	98	2	.
50	83	13	4	82	12	6	84	8	8	88	8	4	98	2	.
55	84	12	4	82	12	6	85	8	7	89	7	4	98	2	.
60 u. mehr	85	12	3	83	12	5	86	7	7	90	7	3	99	1	.

5. Für die Berechnung der Sortimente aus der gefundenen Gesammtmasse eines Bestandes diene als Beispiel:

In einem 95jährigen Kiefernbestande seien gefunden:

100 Stämme à 40 Cent. Durchm. bei 28 Meter Baumhöhe à 1,54 = 154 Festmeter
100 " à 36 " " bei 25 " " à 1,21 = 121 "
u. s. w.
zusammen . . . 2000 Festmeter.

Als Sortimentssätze wären anzunehmen:

85 % Scheite incl. Nutzholz, wovon 60 % auf Nutzholz und
25 % auf Brennholz zu rechnen,
11 % Knüppel
und 4 % Reiserholz von 3 bis unter 7 Centimeter Stärke,

so würde jene Masse zerfallen in:

1200 Festmeter Nutzholz,
500 " Scheitholz,
220 " Knüppelholz,
und 80 " Reiserholz bis herab zu 3 Centimeter Durchm. Stärke.

Nach angestellten örtlichen Ermittelungen wären ferner für den durchschnittlichen Festgehalt:

eines Raummeters Scheite etwa 0,7 Festmeter
„ „ Knüppel „ 0,65 „
„ „ ungebundener Reiser „ 0,2 „

zu berechnen, so würde sich die Masse der einzelnen Sortimente auf:

$$\frac{500}{0,7} = 714 \text{ Raummeter Scheitholz,}$$

$$\frac{220}{0,65} = 338 \quad „ \quad \text{Knüppelholz,}$$

und $\frac{80}{0,2} = 400 \quad „ \quad \text{Reiserholz,}$

stellen.

Da hierbei Reiserholz von 3 bis unter 7 Centimeter Stärke berücksichtigt ist, so müßte für das geringere Reisig noch ein entsprechender Zusatz gemacht werden, wenn die Ermittelung sich auch auf dieses mit erstrecken soll.

Bei Fichten, Tannen und Lärchen, für welche die Tafeln das Astholz nicht mit enthalten, würde event. auch für dieses noch ein Zusatz zu machen sein.

6. Bei Benutzung der Tafeln zu Bestandsaufnahmen für Betriebsregulirungszwecke in den Preußischen Staatsforsten ist zu berücksichtigen, daß die Tafeln auch das nicht zur Controlle gelangende Material enthalten, welches 3 bis unter 7 Centimeter stark ist und zum Reiserholz gehört. Zur Bestimmung der Derbholzmassen muß daher für dieses Material ein entsprechender Abzug gemacht werden, wobei in Ermangelung zuverlässiger specieller Ermittelungen die Reiserholz-Prozentsätze der vorstehenden Tabelle zum Anhalt dienen können.

Eichen über 150 Jahr

mit Aesten.

Massentafel für Eichen über 150 Jahr.

Durchmesser bei 1,3 Meter Höhe. Cent.	Höhe des Baumes in Metern: Kubischer Inhalt des Baumes mit Aesten in Festmetern und 0,01:																Durchmesser bei 1,3 Meter Höhe. Cent.
	9	10	11	12	13	14	15	16	17	18	19	20	21	22	23	24	
10	.04	.04	.04	.05	.05	.05	.	.	.	.	.	.	.	.	.	.	10
12	.06	.06	.07	.07	.08	.08	.09	.09	.10	.	.	.	.	.	.	.	12
14	.08	.09	.09	.10	.11	.11	.12	.13	.13	.14	.15	.16	.	.	.	.	14
16	.11	.12	.13	.14	.14	.15	.16	.17	.18	.19	.20	.21	.21	.22	.	.	16
18	.15	.16	.17	.18	.19	.20	.21	.22	.23	.24	.25	.26	.27	.29	.30	.31	18
20	.19	.20	.21	.23	.24	.25	.27	.28	.29	.30	.32	.33	.34	.36	.37	.38	20
22	.24	.25	.27	.28	.30	.31	.33	.34	.36	.37	.39	.40	.42	.43	.45	.46	22
24	.29	.31	.33	.34	.36	.38	.40	.42	.43	.45	.47	.49	.51	.52	.54	.56	24
26	.35	.37	.39	.41	.43	.45	.47	.49	.52	.54	.56	.58	.60	.62	.64	.66	26
28	.41	.44	.46	.48	.51	.53	.56	.58	.60	.63	.65	.68	.70	.72	.75	.77	28
30	.48	.51	.54	.56	.59	.62	.64	.67	.70	.73	.76	.78	.81	.84	.87	.89	30
32	.55	.59	.62	.65	.68	.71	.74	.77	.80	.84	.87	.90	.93	.96	.99	1.02	32
34	.63	.67	.70	.74	.77	.81	.84	.88	.92	.95	.99	1.02	1.06	1.09	1.13	1.16	34
36	.72	.76	.80	.84	.88	.92	.95	.99	1.03	1.07	1.11	1.15	1.19	1.23	1.27	1.31	36
38	.81	.85	.90	.94	.98	1.03	1.07	1.12	1.16	1.20	1.25	1.29	1.33	1.38	1.42	1.47	38
40	.90	.95	1.00	1.05	1.10	1.15	1.20	1.25	1.29	1.34	1.39	1.44	1.49	1.53	1.58	1.63	40
42	1.00	1.06	1.11	1.17	1.22	1.27	1.33	1.38	1.44	1.49	1.54	1.59	1.65	1.70	1.75	1.81	42
44	1.11	1.17	1.23	1.29	1.35	1.41	1.47	1.53	1.58	1.64	1.70	1.76	1.81	1.87	1.93	1.99	44
46	1.23	1.29	1.35	1.42	1.48	1.55	1.61	1.68	1.74	1.80	1.87	1.93	1.99	2.06	2.12	2.19	46
48	1.35	1.42	1.48	1.55	1.62	1.69	1.76	1.83	1.90	1.97	2.04	2.11	2.18	2.25	2.32	2.40	48
50	.	1.55	1.62	1.70	1.77	1.85	1.92	2.00	2.08	2.15	2.22	2.30	2.38	2.45	2.53	2.61	50
52	.	1.68	1.76	1.85	1.93	2.01	2.09	2.17	2.25	2.34	2.42	2.50	2.58	2.66	2.75	2.83	52
54	.	1.83	1.91	2.00	2.09	2.18	2.26	2.35	2.44	2.53	2.62	2.70	2.79	2.88	2.97	3.06	54
56	.	1.97	2.07	2.16	2.26	2.35	2.45	2.54	2.64	2.73	2.83	2.92	3.01	3.11	3.20	3.30	56
58	.	2.12	2.22	2.33	2.43	2.53	2.63	2.73	2.84	2.94	3.04	3.14	3.24	3.34	3.45	3.55	58
60	.	2.28	2.39	2.50	2.61	2.72	2.83	2.94	3.05	3.16	3.27	3.37	3.48	3.59	3.70	3.81	60
62	.	2.45	2.56	2.68	2.79	2.91	3.03	3.15	3.26	3.38	3.50	3.61	3.73	3.84	3.96	4.08	62
64	.	.	2.74	2.86	2.99	3.11	3.24	3.36	3.49	3.61	3.74	3.86	3.99	4.11	4.23	4.36	64
66	.	.	2.92	3.05	3.19	3.32	3.45	3.59	3.72	3.85	3.98	4.12	4.25	4.38	4.52	4.65	66
68	.	.	3.11	3.25	3.39	3.53	3.67	3.82	3.96	4.10	4.24	4.38	4.52	4.66	4.80	4.95	68
70	.	.	3.30	3.45	3.60	3.75	3.90	4.06	4.21	4.36	4.50	4.65	4.80	4.95	5.10	5.25	70
72	.	.	.	3.66	3.81	3.97	4.14	4.30	4.46	4.62	4.77	4.93	5.09	5.25	5.41	5.57	72
74	.	.	.	3.87	4.04	4.21	4.38	4.55	4.72	4.89	5.05	5.22	5.38	5.55	5.72	5.88	74
76	.	.	.	4.09	4.27	4.45	4.63	4.81	4.99	5.16	5.33	5.51	5.68	5.86	6.04	6.21	76
78	.	.	.	4.31	4.50	4.69	4.88	5.07	5.26	5.44	5.63	5.81	6.00	6.18	6.37	6.55	78
80	.	.	.	.	4.74	4.94	5.15	5.35	5.54	5.74	5.93	6.12	6.32	6.51	6.71	6.90	80
82	.	.	.	.	4.99	5.20	5.41	5.62	5.83	6.03	6.23	6.44	6.65	6.85	7.06	7.26	82
84	.	.	.	.	.	5.46	5.69	5.91	6.12	6.34	6.55	6.76	6.98	7.20	7.41	7.62	84
86	.	.	.	.	.	5.73	5.97	6.20	6.42	6.65	6.87	7.09	7.32	7.55	7.77	7.99	86
88	.	.	.	.	.	.	6.26	6.50	6.73	6.96	7.20	7.43	7.68	7.91	8.14	8.38	88
90	.	.	.	.	.	.	6.55	6.80	7.05	7.29	7.53	7.78	8.03	8.28	8.52	8.77	90
92	.	.	.	.	.	.	.	7.11	7.37	7.62	7.88	8.14	8.40	8.66	8.91	9.17	92
94	.	.	.	.	.	.	.	7.43	7.70	7.97	8.23	8.50	8.78	9.05	9.31	9.58	94
96	.	.	.	.	.	.	.	.	8.04	8.32	8.59	8.87	9.16	9.44	9.72	10.00	96
98	.	.	.	.	.	.	.	.	.	8.67	8.95	9.25	9.44	9.84	10.13	10.42	98
100	.	.	.	.	.	.	.	.	.	.	9.32	9.63	9.94	10.24	10.55	10.85	100
Höhe in Metern	9	10	11	12	13	14	15	16	17	18	19	20	21	22	23	24	Höhe in Metern

Massentafel für Eichen über 150 Jahr.

Durchmesser bei 1,3 Meter Höhe. Cent.	Höhe des Baumes in Metern: Kubischer Inhalt des Baumes mit Aesten in Festmetern und 0,01: 25	26	27	28	29	30	31	32	33	34	35	36	37	38	39	40	Durchmesser bei 1,3 Meter Höhe. Cent.
20	.39	.41	.42	.43	.	.	.	.	.	.	.	.	.	.	.	.	20
22	.48	.49	.51	.53	.54	.56	.	.	.	.	.	.	.	.	.	.	22
24	.58	.59	.61	.63	.65	.67	.68	.	.	.	.	.	.	.	.	.	24
26	.68	.70	.72	.74	.76	.79	.81	.83	.	.	.	.	.	.	.	.	26
28	.80	.82	.84	.87	.89	.92	.94	.96	.99	.	.	.	.	.	.	.	28
30	.92	.95	.98	1.00	1.03	1.06	1.08	1.11	1.14	1.17	.	.	.	.	.	.	30
32	1.05	1.09	1.12	1.15	1.18	1.21	1.24	1.27	1.30	1.34	1.37	.	.	.	.	.	32
34	1.20	1.23	1.27	1.31	1.34	1.37	1.41	1.44	1.48	1.52	1.55	1.59	.	.	.	.	34
36	1.35	1.39	1.43	1.47	1.51	1.55	1.59	1.63	1.67	1.71	1.75	1.79	1.83	.	.	.	36
38	1.51	1.56	1.60	1.65	1.69	1.74	1.78	1.82	1.86	1.91	1.95	2.00	2.04	2.09	.	.	38
40	1.68	1.73	1.78	1.83	1.88	1.93	1.98	2.03	2.07	2.12	2.17	2.22	2.27	2.32	2.37	.	40
42	1.86	1.92	1.97	2.02	2.08	2.13	2.19	2.24	2.30	2.35	2.40	2.46	2.51	2.57	2.62	2.67	42
44	2.05	2.11	2.17	2.23	2.29	2.35	2.41	2.47	2.53	2.59	2.65	2.71	2.77	2.83	2.88	2.94	44
46	2.26	2.32	2.38	2.44	2.51	2.57	2.64	2.71	2.77	2.84	2.90	2.97	3.03	3.10	3.16	3.22	46
48	2.47	2.53	2.60	2.67	2.74	2.81	2.88	2.95	3.03	3.10	3.17	3.24	3.31	3.38	3.45	3.52	48
50	2.69	2.76	2.83	2.90	2.98	3.06	3.13	3.21	3.29	3.37	3.45	3.52	3.60	3.68	3.75	3.83	50
52	2.91	2.99	3.07	3.15	3.23	3.31	3.40	3.49	3.57	3.65	3.74	3.82	3.90	3.98	4.07	4.15	52
54	3.15	3.24	3.32	3.40	3.49	3.58	3.68	3.77	3.86	3.95	4.04	4.13	4.22	4.31	4.39	4.48	54
56	3.40	3.49	3.58	3.67	3.77	3.86	3.96	4.06	4.16	4.26	4.35	4.45	4.54	4.64	4.74	4.83	56
58	3.65	3.75	3.85	3.95	4.06	4.16	4.26	4.37	4.47	4.58	4.68	4.78	4.88	4.99	5.09	5.19	58
60	3.92	4.03	4.13	4.24	4.35	4.46	4.57	4.69	4.80	4.91	5.02	5.12	5.23	5.34	5.45	5.57	60
62	4.20	4.31	4.43	4.54	4.66	4.78	4.89	5.01	5.13	5.25	5.36	5.48	5.59	5.71	5.83	5.95	62
64	4.48	4.61	4.73	4.85	4.98	5.10	5.23	5.35	5.48	5.60	5.72	5.85	5.97	6.10	6.22	6.35	64
66	4.78	4.91	5.04	5.17	5.30	5.44	5.57	5.70	5.83	5.96	6.09	6.22	6.36	6.49	6.63	6.77	66
68	5.08	5.22	5.36	5.50	5.64	5.78	5.92	6.06	6.20	6.34	6.48	6.62	6.76	6.90	7.05	7.19	68
70	5.40	5.55	5.69	5.84	5.99	6.14	6.29	6.43	6.58	6.73	6.88	7.03	7.18	7.33	7.48	7.63	70
72	5.72	5.88	6.03	6.19	6.35	6.51	6.67	6.82	6.97	7.13	7.29	7.45	7.61	7.76	7.92	8.08	72
74	6.05	6.22	6.38	6.55	6.72	6.88	7.05	7.21	7.38	7.54	7.71	7.87	8.04	8.21	8.38	8.55	74
76	6.39	6.56	6.74	6.92	7.10	7.27	7.44	7.61	7.78	7.96	8.13	8.31	8.49	8.67	8.85	9.02	76
78	6.74	6.92	7.11	7.30	7.48	7.66	7.85	8.03	8.21	8.39	8.57	8.76	8.95	9.14	9.33	9.51	78
80	7.09	7.29	7.48	7.68	7.88	8.07	8.26	8.45	8.64	8.83	9.03	9.23	9.43	9.63	9.82	10.02	80
82	7.46	7.66	7.87	8.08	8.29	8.49	8.69	8.89	9.09	9.29	9.50	9.71	9.91	10.12	10.33	10.54	82
84	7.83	8.05	8.27	8.49	8.71	8.92	9.13	9.34	9.55	9.76	9.98	10.20	10.41	10.63	10.85	11.07	84
86	8.21	8.44	8.67	8.90	9.13	9.36	9.58	9.81	10.03	10.25	10.47	10.70	10.93	11.15	11.38	11.61	86
88	8.61	8.84	9.09	9.33	9.57	9.80	10.04	10.27	10.50	10.73	10.97	11.21	11.45	11.68	11.92	12.16	88
90	9.01	9.26	9.52	9.77	10.01	10.26	10.51	10.75	10.99	11.23	11.48	11.73	11.98	12.23	12.48	12.72	90
92	9.43	9.69	9.95	10.21	10.47	10.73	10.98	11.23	11.49	11.75	12.01	12.26	12.52	12.78	13.04	13.30	92
94	9.85	10.12	10.40	10.67	10.94	11.21	11.47	11.73	12.00	12.27	12.54	12.81	13.08	13.35	13.62	13.89	94
96	10.28	10.56	10.85	11.13	11.41	11.70	11.97	12.25	12.53	12.80	13.09	13.37	13.65	13.93	14.21	14.49	96
98	10.71	11.01	11.31	11.61	11.90	12.20	12.49	12.78	13.06	13.36	13.65	13.95	14.24	14.53	14.81	15.11	98
100	11.15	11.46	11.77	12.09	12.39	12.71	13.01	13.31	13.61	13.92	14.22	14.53	14.84	15.13	15.43	15.74	100
102	11.60	11.92	12.25	12.58	12.90	13.23	13.55	13.86	14.17	14.49	14.81	15.13	15.44	15.75	16.06	16.38	102
104	12.06	12.39	12.73	13.07	13.41	13.75	14.08	14.41	14.73	15.06	15.39	15.72	16.05	16.38	16.70	17.02	104
106	12.54	12.88	13.24	13.59	13.94	14.30	14.64	14.98	15.31	15.66	16.00	16.34	16.68	17.02	17.36	17.69	106
108	13.02	13.37	13.74	14.11	14.47	14.84	15.20	15.55	15.89	16.25	16.61	16.97	17.31	17.67	18.02	18.37	108
110	13.50	13.87	14.25	14.64	15.02	15.40	15.77	16.13	16.49	16.86	17.23	17.60	17.96	18.33	18.69	19.05	110
Höhe in Metern	25	26	27	28	29	30	31	32	33	34	35	36	37	38	39	40	Höhe in Metern

Richthöhen zur Massentafel für Eichen über 150 Jahr.

Durchmesser bei 1,3 Meter Höhe. Cent.	Höhe des Baumes in Metern: 9	10	11	12	13	14	15	16	17	18	19	20	21	22	23	24	Durchmesser bei 1,3 Meter Höhe. Cent.
	Richthöhe in Metern für den Inhalt des ganzen Baumes:																
10	4,68	5,12	5,55	5,97	6,38	6,78	.	.	.	.	.	.	.	.	.	.	10
12	4,96	5,40	5,84	6,28	6,71	7,14	7,58	8,02	8,46	.	.	.	.	.	.	.	12
14	5,23	5,66	6,10	6,54	6,98	7,42	7,86	8,30	8,74	9,18	9,62	10,07	.	.	.	.	14
16	5,48	5,91	6,34	6,77	7,21	7,64	8,08	8,51	8,94	9,36	9,79	10,23	10,67	11,12	.	.	16
18	5,73	6,15	6,57	6,99	7,42	7,84	8,26	8,69	9,11	9,52	9,94	10,37	10,80	11,22	11,62	12,01	18
20	5,98	6,39	6,80	7,21	7,63	8,04	8,45	8,87	9,28	9,68	10,09	10,50	10,91	11,32	11,72	12,11	20
22	6,22	6,62	7,02	7,42	7,83	8,23	8,63	9,04	9,44	9,84	10,24	10,64	11,04	11,44	11,83	12,22	22
24	6,41	6,81	7,21	7,60	8,00	8,39	8,79	9,19	9,59	9,99	10,38	10,77	11,17	11,56	11,94	12,33	24
26	6,57	6,96	7,35	7,74	8,14	8,53	8,92	9,32	9,71	10,10	10,49	10,88	11,28	11,67	12,05	12,43	26
28	6,69	7,08	7,47	7,86	8,25	8,64	9,03	9,42	9,81	10,20	10,59	10,98	11,37	11,76	12,15	12,53	28
30	6,80	7,19	7,57	7,96	8,35	8,73	9,12	9,52	9,91	10,30	10,69	11,08	11,46	11,85	12,24	12,62	30
32	6,89	7,28	7,67	8,06	8,44	8,82	9,21	9,61	10,00	10,39	10,78	11,17	11,55	11,94	12,33	12,71	32
34	6,97	7,36	7,75	8,14	8,52	8,91	9,30	9,69	10,08	10,47	10,85	11,24	11,63	12,02	12,41	12,79	34
36	7,05	7,44	7,83	8,21	8,60	8,99	9,38	9,77	10,16	10,54	10,92	11,31	11,70	12,09	12,48	12,87	36
38	7,12	7,51	7,90	8,29	8,68	9,07	9,45	9,84	10,23	10,61	10,99	11,37	11,76	12,15	12,54	12,94	38
40	7,19	7,58	7,97	8,36	8,75	9,14	9,52	9,91	10,30	10,68	11,05	11,43	11,82	12,21	12,60	13,00	40
42	7,25	7,64	8,03	8,42	8,81	9,20	9,58	9,97	10,36	10,74	11,11	11,49	11,88	12,27	12,66	13,06	42
44	7,32	7,70	8,09	8,47	8,86	9,25	9,64	10,03	10,42	10,80	11,17	11,55	11,93	12,32	12,72	13,12	44
46	7,38	7,76	8,15	8,53	8,92	9,31	9,70	10,09	10,47	10,85	11,23	11,61	11,99	12,38	12,78	13,18	46
48	7,44	7,82	8,20	8,59	8,97	9,36	9,75	10,14	10,52	10,90	11,28	11,66	12,05	12,44	12,84	13,24	48
50	.	7,87	8,26	8,64	9,02	9,41	9,80	10,19	10,57	10,95	11,33	11,71	12,10	12,49	12,89	13,29	50
52	.	7,92	8,31	8,69	9,07	9,46	9,84	10,23	10,61	11,00	11,38	11,76	12,15	12,54	12,93	13,33	52
54	.	7,97	8,35	8,73	9,12	9,50	9,89	10,27	10,66	11,05	11,43	11,81	12,20	12,58	12,97	13,37	54
56	.	8,01	8,39	8,77	9,16	9,54	9,93	10,31	10,70	11,09	11,48	11,86	12,24	12,62	13,01	13,41	56
58	.	8,04	8,42	8,81	9,20	9,58	9,97	10,35	10,74	11,13	11,52	11,90	12,28	12,66	13,05	13,44	58
60	.	8,07	8,45	8,84	9,23	9,61	10,00	10,39	10,78	11,16	11,55	11,93	12,31	12,69	13,08	13,47	60
62	.	8,10	8,48	8,87	9,25	9,64	10,03	10,42	10,81	11,20	11,59	11,97	12,35	12,73	13,12	13,51	62
64	.	.	8,51	8,89	9,28	9,67	10,06	10,45	10,84	11,23	11,62	12,00	12,39	12,77	13,16	13,55	64
66	.	.	8,53	8,92	9,31	9,70	10,09	10,48	10,87	11,26	11,64	12,03	12,42	12,81	13,20	13,59	66
68	.	.	8,55	8,94	9,33	9,72	10,11	10,51	10,90	11,29	11,67	12,06	12,45	12,84	13,23	13,62	68
70	.	.	8,57	8,96	9,35	9,74	10,14	10,54	10,93	11,32	11,70	12,09	12,48	12,87	13,26	13,65	70
72	.	.	.	8,98	9,37	9,76	10,16	10,56	10,95	11,34	11,72	12,11	12,50	12,89	13,28	13,67	72
74	.	.	.	9,00	9,39	9,78	10,18	10,58	10,97	11,36	11,74	12,13	12,51	12,90	13,29	13,68	74
76	.	.	.	9,02	9,41	9,80	10,20	10,60	10,99	11,38	11,76	12,15	12,53	12,92	13,31	13,70	76
78	.	.	.	9,03	9,42	9,82	10,22	10,62	11,01	11,39	11,78	12,16	12,55	12,94	13,33	13,71	78
80	.	.	.	.	9,43	9,83	10,24	10,64	11,03	11,41	11,79	12,18	12,57	12,96	13,34	13,72	80
82	.	.	.	.	9,44	9,84	10,25	10,65	11,04	11,42	11,80	12,19	12,59	12,98	13,36	13,74	82
84	.	.	.	.	.	9,86	10,26	10,66	11,05	11,43	11,81	12,20	12,60	12,99	13,37	13,75	84
86	.	.	.	.	.	9,87	10,27	10,67	11,06	11,44	11,82	12,21	12,61	13,00	13,38	13,76	86
88		.	.	.	.	.	10,29	10,68	11,07	11,45	11,83	12,22	12,62	13,01	13,39	13,77	88
90	.	.	.	.	.	.	10,30	10,69	11,08	11,46	11,84	12,23	12,63	13,02	13,40	13,78	90
92	.	.	.	.	.	.	.	10,70	11,09	11,47	11,85	12,24	12,64	13,03	13,41	13,79	92
94	.	.	.	.	.	.	.	10,71	11,10	11,48	11,86	12,25	12,65	13,04	13,42	13,80	94
96	.	.	.	.	.	.	.	.	11,11	11,49	11,87	12,26	12,65	13,04	13,43	13,81	96
98	.	.	.	.	.	.	.	.	.	11,49	11,87	12,26	12,65	13,04	13,43	13,81	98
100		.	.	.	.	.	.	.	.	.	11,87	12,26	12,65	13,04	13,43	13,81	100
Höhe in Metern	9	10	11	12	13	14	15	16	17	18	19	20	21	22	23	24	Höhe in Metern

Richthöhen zur Massentafel für Eichen über 150 Jahr.

Durchmesser bei 1,3 Meter Höhe. Cent.	Höhe des Baumes in Metern: 25	26	27	28	29	30	31	32	33	34	35	36	37	38	39	40	Durchmesser bei 1,3 Meter Höhe. Cent.
	Richthöhe in Metern für den Inhalt des ganzen Baumes:																
20	12,51	12,92	13,32	13,73	.	.	.	.	.	.	.	.	.	.	.	.	20
22	12,62	13,02	13,42	13,82	14,22	14,61	.	.	.	.	.	.	.	.	.	.	22
24	12,72	13,12	13,52	13,92	14,31	14,70	15,09	.	.	.	.	.	.	.	.	.	24
26	12,82	13,22	13,62	14,01	14,40	14,79	15,17	15,56	.	.	.	.	.	.	.	.	26
28	12,92	13,31	13,71	14,10	14,49	14,87	15,25	15,64	16,03	.	.	.	.	.	.	.	28
30	13,01	13,41	13,81	14,20	14,58	14,96	15,34	15,73	16,12	16,51	.	.	.	.	.	.	30
32	13,10	13,50	13,90	14,29	14,67	15,05	15,43	15,82	16,22	16,61	16,99	.	.	.	.	.	32
34	13,19	13,59	13,99	14,38	14,76	15,14	15,53	15,91	16,30	16,69	17,07	17,46	.	.	.	.	34
36	13,26	13,66	14,06	14,46	14,85	15,23	15,62	15,99	16,37	16,76	17,15	17,55	17,94	.	.	.	36
38	13,33	13,73	14,13	14,52	14,92	15,31	15,70	16,07	16,44	16,82	17,22	17,62	18,02	18,42	.	.	38
40	13,39	13,79	14,18	14,57	14,96	15,36	15,75	16,13	16,51	16,89	17,29	17,69	18,08	18,47	18,86	.	40
42	13,45	13,84	14,22	14,61	15,00	15,40	15,79	16,18	16,57	16,96	17,35	17,75	18,14	18,52	18,91	19,30	42
44	13,51	13,89	14,27	14,65	15,04	15,44	15,84	16,23	16,63	17,02	17,41	17,80	18,19	18,58	18,96	19,35	44
46	13,57	13,95	14,32	14,69	15,08	15,48	15,88	16,28	16,68	17,07	17,46	17,85	18,24	18,63	19,01	19,40	46
48	13,63	14,00	14,36	14,73	15,12	15,52	15,92	16,32	16,72	17,12	17,51	17,90	18,29	18,68	19,06	19,45	48
50	13,68	14,05	14,40	14,77	15,16	15,56	15,96	16,37	16,77	17,16	17,55	17,94	18,33	18,72	19,11	19,50	50
52	13,72	14,09	14,44	14,81	15,20	15,60	16,01	16,41	16,81	17,20	17,59	17,98	18,37	18,76	19,15	19,54	52
54	13,76	14,13	14,48	14,85	15,24	15,65	16,05	16,45	16,85	17,25	17,64	18,02	18,41	18,80	19,19	19,58	54
56	13,80	14,17	14,53	14,90	15,29	15,69	16,09	16,49	16,89	17,29	17,68	18,06	18,45	18,84	19,23	19,62	56
58	13,83	14,21	14,58	14,96	15,35	15,74	16,13	16,53	16,92	17,32	17,71	18,09	18,48	18,87	19,26	19,66	58
60	13,86	14,24	14,62	15,00	15,39	15,78	16,17	16,57	16,96	17,35	17,74	18,12	18,51	18,90	19,29	19,69	60
62	13,90	14,28	14,66	15,04	15,43	15,82	16,21	16,61	17,00	17,38	17,76	18,14	18,53	18,92	19,32	19,72	62
64	13,94	14,32	14,70	15,08	15,47	15,86	16,25	16,64	17,03	17,41	17,79	18,17	18,56	18,95	19,35	19,75	64
66	13,97	14,35	14,73	15,11	15,50	15,89	16,28	16,67	17,05	17,43	17,81	18,19	18,58	18,98	19,38	19,78	66
68	14,00	14,38	14,76	15,14	15,53	15,92	16,31	16,69	17,08	17,46	17,84	18,22	18,61	19,01	19,41	19,81	68
70	14,03	14,41	14,79	15,17	15,56	15,95	16,34	16,72	17,10	17,49	17,88	18,26	18,65	19,04	19,44	19,83	70
72	14,05	14,44	14,82	15,20	15,59	15,98	16,37	16,75	17,13	17,51	17,90	18,29	18,68	19,07	19,46	19,85	72
74	14,07	14,46	14,84	15,23	15,62	16,00	16,39	16,77	17,15	17,53	17,92	18,31	18,70	19,09	19,48	19,87	74
76	14,09	14,47	14,86	15,25	15,64	16,02	16,40	16,78	17,16	17,54	17,93	18,32	18,72	19,11	19,50	19,89	76
78	14,10	14,48	14,87	15,27	15,66	16,04	16,42	16,80	17,18	17,55	17,94	18,34	18,74	19,13	19,52	19,91	78
80	14,11	14,50	14,89	15,28	15,67	16,06	16,44	16,82	17,19	17,57	17,96	18,36	18,76	19,15	19,54	19,93	80
82	14,12	14,51	14,91	15,30	15,69	16,08	16,46	16,84	17,21	17,59	17,98	18,38	18,77	19,17	19,56	19,95	82
84	14,13	14,52	14,92	15,32	15,71	16,10	16,48	16,86	17,24	17,62	18,01	18,40	18,79	19,19	19,58	19,97	84
86	14,14	14,53	14,93	15,33	15,72	16,11	16,50	16,88	17,26	17,64	18,03	18,42	18,81	19,20	19,59	19,98	86
88	14,15	14,54	14,94	15,34	15,73	16,12	16,51	16,89	17,27	17,65	18,04	18,43	18,82	19,21	19,60	19,99	88
90	14,17	14,56	14,96	15,35	15,74	16,13	16,52	16,90	17,28	17,66	18,05	18,44	18,83	19,22	19,61	20,00	90
92	14,18	14,57	14,97	15,36	15,75	16,14	16,52	16,90	17,28	17,67	18,06	18,45	18,84	19,23	19,62	20,01	92
94	14,19	14,58	14,98	15,37	15,76	16,15	16,53	16,91	17,29	17,68	18,07	18,46	18,85	19,24	19,63	20,02	94
96	14,20	14,59	14,99	15,38	15,77	16,16	16,54	16,93	17,31	17,69	18,08	18,47	18,86	19,25	19,63	20,02	96
98	14,20	14,59	14,99	15,39	15,78	16,17	16,56	16,94	17,32	17,71	18,10	18,49	18,88	19,26	19,64	20,03	98
100	14,20	14,59	14,99	15,39	15,78	16,18	16,57	16,95	17,33	17,72	18,11	18,50	18,89	19,27	19,65	20,04	100
102, 104	14,20	14,59	14,99	15,39	15,79	16,19	16,58	16,96	17,34	17,73	18,12	18,51	18,89	19,28	19,66	20,04	102, 104
106, 108, 110	14,21	14,60	15,00	15,40	15,80	16,20	16,59	16,97	17,35	17,74	18,13	18,52	18,90	19,29	19,67	20,05	106, 108, 110
Höhe in Metern	25	26	27	28	29	30	31	32	33	34	35	36	37	38	39	40	Höhe in Metern

Baumformzahlen zur Massentafel für Eichen über 150 Jahr.

Durchmesser bei 1,3 Meter Höhe.	Höhe des Baumes in Metern:																Durchmesser bei 1,3 Meter Höhe.
	9	10	11	12	13	14	15	16	17	18	19	20	21	22	23	24	
Cent.	0,001:																Cent.
10	520	512	505	498	491	484	.	.	.	.	.	.	.	.	.	.	10
12	551	540	531	523	516	510	505	501	498	.	.	.	.	.	.	.	12
14	581	566	555	545	537	530	524	519	514	510	506	503	.	.	.	.	14
16	609	591	576	564	555	546	539	532	526	520	515	511	508	505	.	.	16
18	637	615	597	583	571	560	551	543	536	529	523	518	514	510	505	500	18
20	664	639	618	601	587	574	563	554	546	538	531	525	520	515	510	505	20
22	691	662	638	618	602	588	575	565	555	547	539	532	526	520	514	509	22
24	712	681	655	633	615	599	586	574	564	555	546	539	532	525	519	514	24
26	730	696	668	645	626	609	595	582	571	561	552	544	537	530	524	518	26
28	743	708	679	655	635	617	602	589	577	567	557	549	541	535	528	522	28
30	756	719	688	663	642	624	608	595	583	572	562	554	546	539	532	526	30
32	766	728	697	672	649	630	614	601	588	577	567	558	550	543	536	530	32
34	774	736	705	678	655	636	620	606	593	582	571	562	554	546	540	533	34
36	783	744	712	684	662	642	625	611	598	586	575	566	557	549	543	536	36
38	791	751	718	691	668	648	630	615	602	589	578	569	560	552	545	539	38
40	799	758	724	697	673	653	635	619	606	593	582	572	563	555	548	542	40
42	806	764	730	702	678	657	639	623	609	597	585	575	566	558	550	544	42
44	813	770	735	706	682	661	643	627	613	600	588	578	568	560	553	547	44
46	820	776	741	711	686	665	647	631	616	603	591	581	571	563	556	549	46
48	827	782	746	716	690	669	650	634	619	606	594	583	574	565	558	552	48
50	.	787	751	720	694	672	653	637	622	608	596	585	576	568	560	554	50
52	.	792	755	724	698	676	656	639	624	611	599	588	579	570	562	555	52
54	.	797	759	728	702	679	659	642	627	614	602	591	581	572	564	557	54
56	.	801	763	731	705	681	662	644	629	616	604	593	583	574	566	559	56
58	.	804	765	734	708	684	665	647	632	618	606	595	585	575	567	560	58
60	.	807	768	737	710	686	667	649	634	620	608	596	586	577	569	561	60
62	.	810	771	739	712	689	669	651	636	622	610	598	588	579	570	563	62
64	.	.	774	741	714	691	671	653	638	624	612	600	590	580	572	565	64
66	.	.	776	743	716	693	673	655	639	626	613	601	591	582	574	566	66
68	.	.	778	745	718	694	674	657	641	627	614	603	593	583	575	568	68
70	.	.	779	747	719	696	676	659	643	629	616	604	594	585	576	569	70
72	.	.	.	748	721	697	677	660	644	630	617	605	595	586	577	570	72
74	.	.	.	750	722	699	679	661	645	631	618	606	596	586	578	570	74
76	.	.	.	752	724	700	680	663	646	632	619	607	597	587	579	571	76
78	.	.	.	753	725	701	681	664	648	633	620	608	598	588	580	571	78
80	.	.	.	.	725	702	682	665	649	634	621	609	599	589	580	572	80
82	.	.	.	.	726	703	683	666	649	634	621	610	600	590	581	572	82
84	.	.	.	.	.	704	684	666	650	635	622	610	600	590	581	573	84
86	.	.	.	.	.	705	685	667	651	636	622	610	600	591	582	573	86
88	.	.	.	.	.	.	686	668	651	636	623	611	601	591	582	574	88
90	.	.	.	.	.	.	687	668	652	637	623	611	601	592	583	574	90
92	.	.	.	.	.	.	.	669	652	637	624	612	602	592	583	575	92
94	.	.	.	.	.	.	.	669	653	638	624	612	602	593	583	575	94
96	.	.	.	.	.	.	.	.	654	638	625	613	602	593	584	575	96
98	.	.	.	.	.	.	.	.	.	638	625	613	602	593	584	575	98
100	.	.	.	.	.	.	.	.	.	.	625	613	602	593	584	575	100
Höhe in Metern	9	10	11	12	13	14	15	16	17	18	19	20	21	22	23	24	Höhe in Metern

Baumformzahlen zur Massentafel für Eichen über 150 Jahr.

Durchmesser bei 1,3 Meter Höhe. Cent.	Höhe des Baumes in Metern:																Durchmesser bei 1,3 Meter Höhe. Cent.
	25	26	27	28	29	30	31	32	33	34	35	36	37	38	39	40	
	0,001:																
20	500	497	493	490	.	.	.		.	.	.	.	.	.	.	.	20
22	505	501	497	494	490	487	.	.	.	.	.	.	.	.	.	.	22
24	509	505	501	497	493	490	487	.	.	.	.	.	.	.	.	.	24
26	513	508	504	500	497	493	489	486	.	.	.	.	.	.	.	.	26
28	517	512	508	504	500	496	492	489	486	.	.	.	.	.	.	.	28
30	520	516	511	507	503	499	495	492	489	486	.	.	.	.	.	.	30
32	524	519	515	510	506	502	498	495	492	489	485	.	.	.	.	.	32
34	528	523	518	513	509	505	501	497	494	491	488	485	.	.	.	.	34
36	531	525	521	516	512	508	504	500	496	493	490	487	485	.	.	.	36
38	533	528	523	518	514	510	506	502	498	495	492	489	487	485	.	.	38
40	536	530	525	520	516	512	508	504	500	497	494	491	489	486	484	.	40
42	538	532	527	522	517	513	509	506	502	499	496	493	490	487	485	483	42
44	540	534	529	523	519	515	511	507	504	501	497	494	492	489	486	484	44
46	543	536	530	525	520	516	512	509	505	502	499	496	493	490	487	485	46
48	545	538	532	526	521	517	514	510	507	504	500	497	494	492	489	486	48
50	547	540	533	528	523	519	515	512	508	505	501	498	495	493	490	487	50
52	549	542	535	529	524	520	516	513	509	506	503	499	496	494	491	488	52
54	550	543	536	530	526	522	518	514	511	507	504	501	498	495	492	489	54
56	552	545	538	532	527	523	519	515	512	508	505	502	499	496	493	490	56
58	553	547	540	534	529	525	520	517	513	509	506	503	499	497	494	491	58
60	554	548	541	536	531	526	522	518	514	510	507	503	500	497	495	492	60
62	556	549	543	537	532	527	523	519	515	511	507	504	501	498	495	493	62
64	558	551	544	539	533	529	524	520	516	512	508	505	502	499	496	494	64
66	559	552	546	540	534	530	525	521	517	513	509	505	502	499	497	495	66
68	560	553	547	541	536	531	526	522	518	514	510	506	503	500	498	495	68
70	561	554	548	542	537	532	527	523	518	514	511	507	504	501	498	496	70
72	562	555	549	543	538	533	528	523	519	515	511	508	505	502	499	496	72
74	563	556	550	544	539	533	529	524	520	516	512	508	505	502	499	497	74
76	564	557	550	545	539	534	529	524	520	516	512	509	506	503	500	497	76
78	564	557	551	545	540	535	530	525	521	516	513	509	506	503	501	498	78
80	564	558	551	546	540	535	530	526	521	517	513	510	507	504	501	498	80
82	565	558	552	546	541	536	531	526	522	518	514	511	507	504	502	499	82
84	565	558	553	547	542	537	532	527	522	519	515	511	508	505	502	499	84
86	566	559	553	548	542	537	532	528	523	519	515	512	508	505	502	499	86
88	566	559	553	548	542	537	533	528	523	519	515	512	509	506	503	500	88
90	567	560	554	548	543	538	533	528	524	519	516	512	509	506	503	500	90
92	567	560	554	549	543	538	533	528	524	520	516	513	509	506	503	500	92
94	568	561	555	549	543	538	533	528	524	520	516	513	509	506	503	500	94
96	568	561	555	549	544	539	534	529	525	520	517	513	510	507	503	500	96
98	568	561	555	550	544	539	534	529	525	521	517	514	510	507	504	501	98
100	568	561	555	550	544	539	535	530	525	521	517	514	511	507	504	501	100
102, 104	568	561	555	550	544	540	535	530	525	521	518	514	511	507	504	501	102, 104
106, 108, 110	568	562	556	550	545	540	535	530	526	522	518	514	511	508	504	501	106, 108, 110
Höhe in Metern	25	26	27	28	29	30	31	32	33	34	35	36	37	38	39	40	Höhe in Metern

Buchen mit Aesten

a) über 90 Jahr,

b) von 60 bis 90 Jahr.

Massentafel für haubare Buchen über 90 Jahr.

Durchmesser bei 1,3 Meter Höhe. Cent.	Höhe des Baumes in Metern: 9	10	11	12	13	14	15	16	17	18	19	20	21	22	23	24	Durchmesser bei 1,3 Meter Höhe. Cent.
	Kubischer Inhalt des Baumes mit Aesten in Festmetern und 0,01:																
10	.04	.05	.05	.05	.06	.06	.06	.07	.07	.07	·	·	·	·	·	·	10
12	.06	.07	.07	.08	.08	.09	.09	.10	.10	.11	.11	·	·	·	·	·	12
14	.09	.10	.10	.11	.12	.12	.13	.14	.14	.15	.15	.16	·	·	·	·	14
16	.12	.13	.14	.14	.15	.16	.17	.18	.19	.19	.20	.21	.22	·	·	·	16
18	.15	.16	.17	.18	.20	.21	.22	.23	.24	.25	.26	.27	.28	.30	.31	.33	18
20	.19	.20	.21	.23	.24	.26	.27	.28	.29	.31	.32	.34	.35	.37	.39	.40	20
22	.23	.25	.26	.28	.30	.31	.33	.34	.36	.38	.39	.41	.43	.45	.47	.49	22
24	.27	.29	.31	.34	.36	.37	.39	.41	.43	.45	.47	.49	.51	.53	.56	.59	24
26	.32	.35	.37	.40	.42	.44	.46	.48	.51	.53	.55	.58	.60	.63	.66	.69	26
28	.38	.41	.44	.46	.49	.52	.54	.57	.59	.62	.65	.67	.70	.73	.77	.80	28
30	.44	.47	.51	.54	.57	.60	.63	.65	.68	.71	.75	.78	.81	.85	.89	.93	30
32	·	.54	.58	.62	.65	.69	.72	.75	.78	.82	.85	.89	.93	.97	1.01	1.06	32
34	·	.62	.66	.70	.74	.78	.81	.85	.89	.93	.97	1.01	1.05	1.10	1.15	1.20	34
36	·	.70	.75	.79	.84	.88	.92	.96	1.00	1.05	1.09	1.14	1.19	1.24	1.29	1.35	36
38	·	·	.84	.89	.94	.99	1.03	1.07	1.12	1.17	1.22	1.28	1.33	1.38	1.45	1.51	38
40	·	·	.94	.99	1.05	1.10	1.15	1.19	1.25	1.31	1.36	1.42	1.48	1.54	1.61	1.68	40
42	·	·	·	·	1.17	1.22	1.27	1.33	1.39	1.45	1.51	1.58	1.64	1.71	1.78	1.86	42
44	·	·	·	·	1.29	1.35	1.41	1.46	1.53	1.60	1.67	1.74	1.81	1.88	1.96	2.05	44
46	·	·	·	·	1.42	1.48	1.55	1.61	1.68	1.76	1.83	1.91	1.99	2.07	2.16	2.24	46
48	·	·	·	·	·	1.63	1.69	1.76	1.84	1.92	2.01	2.09	2.17	2.26	2.36	2.45	48
50	·	·	·	·	·	1.78	1.85	1.92	2.01	2.10	2.19	2.28	2.37	2.46	2.57	2.67	50
52	·	·	·	·	·	·	2.01	2.09	2.19	2.28	2.38	2.48	2.58	2.68	2.79	2.90	52
54	·	·	·	·	·	·	2.18	2.27	2.37	2.48	2.58	2.68	2.79	2.90	3.02	3.14	54
56	·	·	·	·	·	·	·	2.45	2.56	2.68	2.79	2.91	3.02	3.13	3.26	3.38	56
58	·	·	·	·	·	·	·	2.64	2.76	2.89	3.01	3.13	3.25	3.38	3.51	3.64	58
60	·	·	·	·	·	·	·	2.84	2.97	3.11	3.24	3.37	3.50	3.63	3.77	3.91	60
62	·	·	·	·	·	·	·	3.05	3.19	3.34	3.48	3.62	3.76	3.90	4.04	4.19	62
64	·	·	·	·	·	·	·	3.27	3.42	3.57	3.72	3.87	4.02	4.17	4.33	4.48	64
66	·	·	·	·	·	·	·	3.50	3.66	3.82	3.98	4.14	4.30	4.45	4.62	4.78	66
68	·	·	·	·	·	·	·	3.73	3.90	4.08	4.25	4.42	4.58	4.75	4.92	5.10	68
70	·	·	·	·	·	·	·	3.98	4.16	4.34	4.53	4.70	4.88	5.06	5.24	5.42	70
72	·	·	·	·	·	·	·	·	4.42	4.62	4.81	5.00	5.19	5.37	5.56	5.75	72
74	·	·	·	·	·	·	·	·	4.70	4.90	5.11	5.31	5.51	5.70	5.90	6.10	74
76	·	·	·	·	·	·	·	·	4.98	5.20	5.42	5.63	5.83	6.04	6.25	6.45	76
78	·	·	·	·	·	·	·	·	·	·	5.74	5.95	6.17	6.39	6.61	6.82	78
80	·	·	·	·	·	·	·	·	·	·	6.06	6.29	6.52	6.75	6.98	7.20	80
82	·	·	·	·	·	·	·	·	·	·	·	6.65	6.89	7.13	7.36	7.59	82
84	·	·	·	·	·	·	·	·	·	·	·	7.01	7.26	7.51	7.75	7.99	84
86	·	·	·	·	·	·	·	·	·	·	·	·	·	7.91	8.15	8.40	86
88	·	·	·	·	·	·	·	·	·	·	·	·	·	8.32	8.57	8.82	88
90	·	·	·	·	·	·	·	·	·	·	·	·	·	8.74	9.00	9.26	90
92	·	·	·	·	·	·	·	·	·	·	·	·	·	9.17	9.44	9.71	92
94	·	·	·	·	·	·	·	·	·	·	·	·	·	9.61	9.89	10.17	94
96	·	·	·	·	·	·	·	·	·	·	·	·	·	10.07	10.35	10.64	96
98	·	·	·	·	·	·	·	·	·	·	·	·	·	·	10.83	11.12	98
100	·	·	·	·	·	·	·	·	·	·	·	·	·	·	11.32	11.62	100
Höhe in Metern	9	10	11	12	13	14	15	16	17	18	19	20	21	22	23	24	Höhe in Metern

Massentafel für haubare Buchen über 90 Jahr.

Durchmesser bei 1,3 Meter Höhe. Cent.	Höhe des Baumes in Metern: 25	26	27	28	29	30	31	32	33	34	35	36	37	38	39	40	Durchmesser bei 1,3 Meter Höhe. Cent.
	Kubischer Inhalt des Baumes mit Aesten in Festmetern und 0,01:																
10	.	.	.	.	.	.	.	.	.	.	.	.	.	.	.	.	10
12	.	.	.	.	.	.	.	.	.	.	.	.	.	.	.	.	12
14	.	.	.	.	.	.	.	.	.	.	.	.	.	.	.	.	14
16	.	.	.	.	.	.	.	.	.	.	.	.	.	.	.	.	16
18	.	.	.	.	.	.	.	.	.	.	.	.	.	.	.	.	18
20	. 42	. 44	.	.	.	.	.	.	.	.	.	.	.	.	.	.	20
22	. 51	. 54	. 56	. 58	. 60	. 63	.	.	.	.	.	.	.	.	.	.	22
24	. 61	. 64	. 67	. 69	. 72	. 75	. 77	. 80	. 82	.	.	.	.	.	.	.	24
26	. 72	. 75	. 78	. 82	. 85	. 88	. 91	. 94	. 97	1 00	.	.	.	.	.	.	26
28	. 84	. 88	. 91	. 95	. 98	1 02	1 05	1 09	1 12	1 16	1 19	.	.	.	.	.	28
30	. 97	1 01	1 05	1 09	1 13	1 17	1 21	1 25	1 29	1 33	1 37	1 41	.	.	.	.	30
32	1 11	1 15	1 20	1 24	1 29	1 33	1 38	1 42	1 47	1 51	1 56	1 60	1 65	.	.	.	32
34	1 25	1 30	1 35	1 40	1 45	1 50	1 55	1 60	1 65	1 71	1 76	1 81	1 86	1 92	.	.	34
36	1 41	1 46	1 52	1 58	1 63	1 69	1 74	1 80	1 85	1 91	1 97	2 03	2 09	2 15	2 20	.	36
38	1 57	1 64	1 70	1 76	1 82	1 88	1 94	2 01	2 07	2 13	2 19	2 26	2 32	2 39	2 45	2 52	38
40	1 75	1 82	1 89	1 95	2 02	2 09	2 16	2 22	2 29	2 36	2 43	2 50	2 57	2 64	2 71	2 78	40
42	1 93	2 01	2 08	2 16	2 23	2 30	2 37	2 45	2 53	2 60	2 68	2 75	2 83	2 91	2 99	3 06	42
44	2 13	2 21	2 29	2 37	2 45	2 53	2 61	2 69	2 77	2 85	2 94	3 02	3 10	3 19	3 27	3 36	44
46	2 33	2 42	2 51	2 60	2 68	2 77	2 86	2 94	3 03	3 12	3 21	3 30	3 39	3 48	3 57	3 66	46
48	2 55	2 64	2 74	2 83	2 93	3 02	3 11	3 21	3 30	3 40	3 49	3 59	3 69	3 79	3 88	3 98	48
50	2 77	2 88	2 98	3 08	3 18	3 28	3 38	3 48	3 58	3 68	3 79	3 89	4 00	4 10	4 21	4 31	50
52	3 01	3 12	3 23	3 33	3 44	3 55	3 66	3 77	3 87	3 98	4 10	4 21	4 32	4 43	4 54	4 66	52
54	3 26	3 37	3 49	3 60	3 72	3 83	3 95	4 06	4 18	4 29	4 41	4 53	4 65	4 77	4 89	5 01	54
56	3 51	3 63	3 76	3 88	4 00	4 12	4 25	4 37	4 49	4 62	4 75	4 87	5 00	5 13	5 25	5 38	56
58	3 78	3 91	4 04	4 17	4 30	4 43	4 56	4 69	4 82	4 95	5 09	5 22	5 36	5 49	5 63	5 76	58
60	4 05	4 19	4 33	4 47	4 61	4 74	4 88	5 02	5 16	5 30	5 44	5 59	5 73	5 87	6 01	6 16	60
62	4 34	4 49	4 63	4 78	4 92	5 07	5 22	5 36	5 51	5 66	5 81	5 96	6 11	6 26	6 41	6 56	62
64	4 64	4 79	4 95	5 10	5 25	5 41	5 56	5 72	5 87	6 03	6 19	6 35	6 50	6 66	6 82	6 98	64
66	4 95	5 11	5 27	5 43	5 59	5 76	5 92	6 08	6 25	6 41	6 58	6 74	6 91	7 08	7 24	7 41	66
68	5 27	5 44	5 61	5 78	5 95	6 11	6 28	6 46	6 63	6 80	6 98	7 15	7 33	7 50	7 68	7 85	68
70	5 60	5 78	5 96	6 13	6 31	6 49	6 66	6 85	7 03	7 21	7 39	7 57	7 76	7 94	8 12	8 31	70
72	5 94	6 13	6 31	6 50	6 68	6 87	7 05	7 25	7 44	7 63	7 82	8 01	8 20	8 39	8 58	8 77	72
74	6 29	6 49	6 68	6 88	7 07	7 26	7 46	7 66	7 86	8 06	8 25	8 45	8 65	8 85	9 05	9 25	74
76	6 66	6 86	7 06	7 27	7 47	7 67	7 87	8 08	8 29	8 49	8 70	8 91	9 12	9 32	9 53	9 74	76
78	7 03	7 24	7 45	7 66	7 87	8 08	8 29	8 51	8 73	8 95	9 16	9 38	9 60	9 81	10 02	10 24	78
80	7 42	7 64	7 86	8 08	8 29	8 51	8 73	8 96	9 18	9 41	9 63	9 86	10 08	10 31	10 53	10 75	80
82	7 82	8 04	8 27	8 50	8 72	8 95	9 18	9 41	9 65	9 89	10 12	10 35	10 58	10 81	11 05	11 28	82
84	8 22	8 46	8 70	8 93	9 17	9 40	9 64	9 88	10 13	10 37	10 61	10 85	11 09	11 33	11 57	11 81	84
86	8 64	8 89	9 13	9 38	9 62	9 86	10 11	10 36	10 62	10 87	11 12	11 37	11 62	11 86	12 11	12 36	86
88	9 08	9 33	9 58	9 84	10 09	10 33	10 59	10 85	11 12	11 38	11 64	11 89	12 15	12 41	12 66	12 92	88
90	9 52	9 78	10 04	10 30	10 56	10 82	11 08	11 36	11 63	11 90	12 17	12 43	12 70	12 96	13 22	13 49	90
92	9 98	10 25	10 52	10 79	11 05	11 32	11 59	11 87	12 16	12 44	12 71	12 98	13 25	13 53	13 80	14 07	92
94	10 44	10 72	11 00	11 28	11 55	11 82	12 10	12 40	12 69	12 98	13 26	13 54	13 82	14 10	14 38	14 66	94
96	10 92	11 21	11 50	11 78	12 06	12 34	12 63	12 94	13 24	13 54	13 82	14 11	14 40	14 69	14 98	15 27	96
98	11 41	11 71	12 00	12 30	12 59	12 88	13 17	13 49	13 80	14 10	14 40	14 70	14 99	15 29	15 58	15 88	98
100	11 92	12 22	12 52	12 82	13 12	13 42	13 72	14 05	14 37	14 68	14 99	15 29	15 59	15 90	16 20	16 51	100
Höhe in Metern	25	26	27	28	29	30	31	32	33	34	35	36	37	38	39	40	Höhe in Metern

Richthöhen zur Massentafel für haubare Buchen über 90 Jahr.

Durchmesser bei 1,3 Meter Höhe. Cent.	Höhe des Baumes in Metern:																Durchmesser bei 1,3 Meter Höhe. Cent.
	9	10	11	12	13	14	15	16	17	18	19	20	21	22	23	24	
	Richthöhe in Metern für den Inhalt des ganzen Baumes:																
10	5,630	6,083	6,535	6,987	7,440	7,858	8,270	8,681	9,101	9,520	.	.	.	.	.	.	10
12	5,691	6,144	6,596	7,048	7,501	7,917	8,327	8,736	9,158	9,579	10,003	.	.	.	.	.	12
14	5,752	6,205	6,658	7,110	7,563	7,977	8,384	8,791	9,215	9,638	10,063	10,529	.	.	.	.	14
16	5,814	6,267	6,719	7,171	7,624	8,036	8,442	8,846	9,272	9,696	10,124	10,589	11,055	.	.	.	16
18	5,875	6,328	6,780	7,232	7,685	8,096	8,499	8,901	9,328	9,755	10,185	10,649	11,115	11,597	12,219	12,842	18
20	5,936	6,389	6,842	7,294	7,747	8,155	8,556	8,957	9,385	9,814	10,245	10,710	11,175	11,657	12,273	12,889	20
22	5,997	6,450	6,903	7,355	7,808	8,214	8,613	9,012	9,442	9,873	10,306	10,770	11,236	11,716	12,326	12,937	22
24	6,059	6,512	6,964	7,416	7,869	8,274	8,671	9,067	9,499	9,932	10,366	10,831	11,296	11,775	12,380	12,984	24
26	6,120	6,573	7,025	7,477	7,930	8,333	8,728	9,122	9,556	9,990	10,427	10,891	11,356	11,835	12,433	13,032	26
28	6,181	6,634	7,087	7,539	7,992	8,393	8,785	9,177	9,613	10,049	10,488	10,951	11,416	11,895	12,487	13,080	28
30	6,242	6,695	7,148	7,600	8,053	8,452	8,842	9,232	9,669	10,108	10,548	11,012	11,476	11,955	12,540	13,127	30
32	.	6,757	7,209	7,661	8,114	8,511	8,900	9,287	9,726	10,167	10,609	11,072	11,536	12,014	12,594	13,175	32
34	.	6,818	7,271	7,723	8,176	8,571	8,957	9,342	9,783	10,226	10,670	11,133	11,597	12,073	12,647	13,222	34
36	.	6,879	7,332	7,784	8,237	8,630	9,014	9,398	9,840	10,284	10,730	11,193	11,657	12,134	12,701	13,270	36
38	.	.	7,398	7,845	8,298	8,690	9,071	9,454	9,897	10,343	10,791	11,254	11,717	12,192	12,754	13,317	38
40	.	.	7,455	7,907	8,360	8,749	9,129	9,510	9,954	10,402	10,851	11,314	11,777	12,250	12,808	13,365	40
42	.	.	.	.	8,421	8,808	9,186	9,565	10,010	10,461	10,912	11,374	11,837	12,309	12,861	13,413	42
44	.	.	.	.	8,482	8,868	9,243	9,620	10,067	10,520	10,973	11,435	11,897	12,369	12,915	13,460	44
46	.	.	.	.	8,544	8,927	9,300	9,675	10,124	10,578	11,033	11,495	11,958	12,428	12,968	13,508	46
48	.	.	.	.	.	8,987	9,358	9,730	10,181	10,637	11,094	11,556	12,018	12,487	13,022	13,555	48
50	.	.	.	.	.	9,046	9,415	9,785	10,238	10,696	11,155	11,616	12,078	12,547	13,075	13,603	50
52	.	.	.	.	.	.	9,472	9,840	10,295	10,755	11,215	11,676	12,138	12,606	13,129	13,651	52
54	.	.	.	.	.	.	9,529	9,895	10,351	10,814	11,276	11,737	12,198	12,665	13,182	13,698	54
56	.	.	.	.	.	.	.	9,949	10,408	10,872	11,336	11,797	12,258	12,725	13,235	13,746	56
58	.	.	.	.	.	.	.	10,004	10,465	10,931	11,397	11,858	12,319	12,784	13,289	13,793	58
60	.	.	.	.	.	.	.	10,059	10,521	10,990	11,458	11,918	12,379	12,843	13,342	13,841	60
70		.	.	.	.	.	.	10,335	10,806	11,284	11,761	12,220	12,680	13,140	13,610	14,079	70
80	.	.	.	.	.	.	.	.	.	.	12,064	12,522	12,981	13,437	13,877	14,317	80
90	.	.	.	.	.	.	.	.	.	.	.	.	.	13,733	14,144	14,555	90
100	.	.	.	.	.	.	.	.	.	.	.	.	.	.	14,412	14,793	100

Richthöhen zur Massentafel für haubare Buchen über 90 Jahr.

Durchmesser bei 1,3 Meter Höhe. Cent.	Höhe des Baumes in Metern:																Durchmesser bei 1,3 Meter Höhe. Cent.
	25	26	27	28	29	30	31	32	33	34	35	36	37	38	39	40	
	Richthöhe in Metern für den Inhalt des ganzen Baumes:																
20	13,501	14,095	.	.	.	.	.	.	.	.	.	.	.	.	.	.	20
22	13,543	14,132	14,720	15,309	15,895	16,482	.	.	.	.	.	.	.	.	.	.	22
24	13,585	14,168	14,752	15,335	15,916	16,498	17,075	17,641	18,208	.	.	.	.	.	.	.	24
26	13,627	14,205	14,783	15,361	15,937	16,513	17,085	17,647	18,210	18,790	.	.	.	.	.	.	26
28	13,668	14,241	14,815	15,387	15,958	16,528	17,095	17,653	18,212	18,788	19,386	.	.	.	.	.	28
30	13,710	14,278	14,846	15,413	15,979	16,544	17,106	17,660	18,215	18,785	19,377	19,969	.	.	.	.	30
32	13,752	14,315	14,877	15,439	15,999	16,559	17,116	17,666	18,217	18,783	19,368	19,954	20,540	.	.	.	32
34	13,794	14,351	14,909	15,466	16,020	16,575	17,127	17,673	18,219	18,780	19,360	19,940	20,520	21,100	.	.	34
36	13,836	14,388	14,940	15,492	16,041	16,590	17,137	17,679	18,221	18,777	19,352	19,926	20,500	21,074	21,648	.	36
38	13,878	14,425	14,972	15,518	16,062	16,606	17,148	17,686	18,224	18,775	19,343	19,911	20,480	21,048	21,616	22,185	38
40	13,920	14,461	15,003	15,544	16,083	16,621	17,158	17,692	18,226	18,772	19,335	19,897	20,460	21,022	21,584	22,147	40
42	13,961	14,498	15,035	15,570	16,103	16,637	17,169	17,698	18,228	18,770	19,326	19,883	20,439	20,996	21,553	22,109	42
44	14,003	14,534	15,066	15,596	16,124	16,652	17,180	17,705	18,231	18,767	19,318	19,869	20,419	20,970	21,521	22,071	44
46	14,045	14,571	15,097	15,623	16,145	16,668	17,190	17,711	18,233	18,765	19,310	19,854	20,399	20,944	21,489	22,034	46
48	14,087	14,608	15,129	15,649	16,166	16,683	17,200	17,718	18,235	18,762	19,301	19,840	20,379	20,918	21,457	21,996	48
50	14,129	14,644	15,160	15,675	16,187	16,698	17,211	17,724	18,237	18,760	19,293	19,826	20,359	20,892	21,425	21,958	50
52	14,171	14,681	15,192	15,701	16,207	16,714	17,221	17,730	18,240	18,757	19,284	19,812	20,339	20,866	21,393	21,920	52
54	14,213	14,718	15,223	15,727	16,228	16,729	17,232	17,737	18,242	18,754	19,276	19,797	20,319	20,840	21,361	21,883	54
56	14,254	14,754	15,254	15,753	16,249	16,745	17,242	17,743	18,244	18,752	19,267	19,783	20,298	20,814	21,330	21,845	56
58	14,296	14,791	15,286	15,780	16,270	16,760	17,253	17,750	18,247	18,749	19,259	19,769	20,278	20,788	21,298	21,807	58
60	14,338	14,827	15,317	15,806	16,291	16,776	17,263	17,756	18,249	18,747	19,251	19,754	20,258	20,762	21,266	21,770	60
62	14,380	14,864	15,349	15,832	16,312	16,791	17,274	17,763	18,251	18,744	19,242	19,740	20,238	20,736	21,234	21,732	62
64	14,422	14,901	15,380	15,858	16,332	16,807	17,284	17,769	18,254	18,742	19,234	19,726	20,218	20,710	21,202	21,694	64
66	14,464	14,937	15,411	15,884	16,353	16,822	17,295	17,775	18,256	18,739	19,225	19,712	20,198	20,684	21,170	21,656	66
68	14,505	14,974	15,443	15,910	16,374	16,837	17,305	17,782	18,258	18,737	19,217	19,697	20,178	20,658	21,138	21,619	68
70	14,547	15,010	15,474	15,937	16,395	16,853	17,316	17,788	18,260	18,734	19,209	19,683	20,157	20,632	21,106	21,581	70
80	14,757	15,194	15,631	16,067	16,499	16,930	17,368	17,820	18,272	18,721	19,166	19,612	20,057	20,502	20,947	21,392	80
90	14,966	15,377	15,788	16,198	16,603	17,007	17,420	17,852	18,283	18,709	19,124	19,540	19,956	20,372	20,788	21,204	90
100	15,175	15,560	15,945	16,329	16,707	17,085	17,473	17,885	18,295	18,696	19,082	19,469	19,855	20,242	20,629	21,015	100

Baumformzahlen zur Massentafel für haubare Buchen über 90 Jahr.

Durchmesser bei 1,3 Meter Höhe. Cent.	Höhe des Baumes in Metern:																Durchmesser bei 1,3 Meter Höhe. Cent.
	9	10	11	12	13	14	15	16	17	18	19	20	21	22	23	24	
	0,001:																
10	626	608	594	582	572	561	551	543	535	529	.	.	.	.	.	.	10
12	632	614	600	587	577	565	555	546	539	532	526	.	.	.	.	.	12
14	639	621	605	592	582	570	559	550	542	535	530	526	.	.	.	.	14
16	646	627	611	598	586	574	563	553	545	539	533	529	526	.	.	.	16
18	653	633	617	603	591	578	567	556	549	542	536	532	529	527	531	535	18
20	660	639	622	608	596	583	570	560	552	545	539	535	532	530	534	537	20
22	666	645	628	613	601	587	574	563	555	548	542	539	535	533	536	539	22
24	673	651	633	618	605	591	578	567	559	552	546	542	538	535	538	541	24
26	680	657	639	623	610	595	582	570	562	557	549	545	541	538	541	543	26
28	687	663	644	628	615	599	586	574	565	558	552	548	544	541	543	545	28
30	694	670	650	633	619	604	589	577	569	562	555	551	546	543	545	547	30
32	.	676	655	638	624	608	593	580	572	565	558	554	549	546	548	549	32
34	.	682	661	644	629	612	597	584	575	568	562	557	552	549	550	551	34
36	.	688	666	649	634	616	601	587	579	571	565	560	555	551	552	553	36
38	.	.	672	654	638	621	605	591	582	575	568	563	558	554	555	555	38
40	.	.	678	659	643	625	609	594	586	578	571	566	561	557	557	557	40
42	.	.	.	.	648	629	612	598	589	581	574	569	564	560	559	559	42
44	.	.	.	.	652	633	616	601	592	584	578	572	567	562	562	561	44
46	.	.	.	.	657	638	620	605	596	588	581	575	569	565	564	563	46
48	.	.	.	.	.	642	624	608	599	591	584	578	572	568	566	565	48
50	.	.	.	.	.	646	628	611	602	594	587	581	575	570	568	567	50
52	.	.	.	.	.	.	632	615	606	598	590	584	578	573	571	569	52
54	.	.	.	.	.	.	635	618	609	601	593	587	581	576	573	571	54
56	.	.	.	.	.	.	.	622	612	604	597	590	584	578	576	573	56
58	.	.	.	.	.	.	.	625	616	607	600	593	587	581	578	575	58
60	.	.	.	.	.	.	.	629	619	611	603	596	589	584	580	577	60
62	.	.	.	.	.	.	.	632	622	614	606	599	592	586	583	579	62
64	.	.	.	.	.	.	.	636	626	617	609	602	595	589	585	581	64
66	.	.	.	.	.	.	.	639	629	620	613	605	598	592	587	583	66
68	.	.	.	.	.	.	.	642	632	624	616	608	601	595	590	585	68
70	.	.	.	.	.	.	.	646	636	627	619	611	604	597	592	587	70
72	.	.	.	.	.	.	.	.	639	630	622	614	607	600	594	589	72
74	.	.	.	.	.	.	.	.	642	633	625	617	610	603	597	591	74
76	.	.	.	.	.	.	.	.	646	637	629	620	612	605	599	593	76
78	.	.	.	.	.	.	.	.	.	.	632	623	615	608	601	595	78
80	.	.	.	.	.	.	.	.	.	.	635	626	618	611	603	597	80
82	.	.	.	.	.	.	.	.	.	.	.	629	621	613	606	599	82
84	.	.	.	.	.	.	.	.	.	.	.	632	624	616	608	600	84
86	.	.	.	.	.	.	.	.	.	.	.	.	.	619	610	602	86
88	.	.	.	.	.	.	.	.	.	.	.	.	.	622	613	604	88
90	.	.	.	.	.	.	.	.	.	.	.	.	.	624	615	606	90
92	.	.	.	.	.	.	.	.	.	.	.	.	.	627	617	608	92
94	.	.	.	.	.	.	.	.	.	.	.	.	.	630	620	610	94
96	.	.	.	.	.	.	.	.	.	.	.	.	.	632	622	612	96
98	.	.	.	.	.	.	.	.	.	.	.	.	.	.	624	614	98
100	.	.	.	.	.	.	.	.	.	.	.	.	.	.	627	616	100
Höhe in Metern	9	10	11	12	13	14	15	16	17	18	19	20	21	22	23	24	Höhe in Metern

Baumformzahlen zur Massentafel für haubare Buchen über 90 Jahr.

Durchmesser bei 1,3 Meter Höhe. Cent.	Höhe des Baumes in Metern: 0,001: 25	26	27	28	29	30	31	32	33	34	35	36	37	38	39	40	Durchmesser bei 1,3 Meter Höhe. Cent.
10	.	.	.	.	.	.	.	.	.	.	.	.	.	.	.	.	10
12	.	.	.	.	.	.	.	.	.	.	.	.	.	.	.	.	12
14	.	.	.	.	.	.	.	.	.	.	.	.	.	.	.	.	14
16	.	.	.	.	.	.	.	.	.	.	.	.	.	.	.	.	16
18	.	.	.	.	.	.	.	.	.	.	.	.	.	.	.	.	18
20	540	542	.	.	.	.	.	.	.	.	.	.	.	.	.	.	20
22	542	544	545	547	548	549	.	.	.	.	.	.	.	.	.	.	22
24	543	545	546	548	549	550	551	551	552	.	.	.	.	.	.	.	24
26	545	546	548	549	550	550	551	551	552	553	.	.	.	.	.	.	26
28	547	548	549	550	550	551	551	552	552	553	554	.	.	.	.	.	28
30	548	549	550	550	551	551	552	552	552	553	554	555	.	.	.	.	30
32	550	551	551	551	552	552	552	552	552	552	553	554	555	.	.	.	32
34	552	552	552	552	552	552	552	552	552	552	553	554	555	555	.	.	34
36	553	553	553	553	553	553	553	552	552	552	553	553	554	555	555	.	36
38	555	555	555	554	554	554	553	553	552	552	553	553	554	554	554	555	38
40	557	556	556	555	555	554	553	553	552	552	552	553	553	553	553	554	40
42	558	558	557	556	555	555	554	553	552	552	552	552	552	553	553	553	42
44	560	559	558	557	556	555	554	553	552	552	552	552	552	552	552	552	44
46	562	560	559	558	557	556	555	553	553	552	552	551	551	551	551	551	46
48	563	562	560	559	557	556	555	554	553	552	551	551	551	550	550	550	48
50	565	563	561	560	558	557	555	554	553	552	551	551	550	550	549	549	50
52	567	565	563	561	559	557	556	554	553	552	551	550	550	549	549	548	52
54	569	566	564	562	560	558	556	554	553	552	551	550	549	548	548	547	54
56	570	567	565	563	560	558	556	554	553	552	550	550	549	548	547	546	56
58	572	569	566	564	561	559	557	555	553	551	550	549	548	547	546	545	58
60	574	570	567	564	562	559	557	555	553	551	550	549	548	546	545	544	60
62	575	572	568	565	562	560	557	555	553	551	550	548	547	546	544	543	62
64	577	573	570	566	563	560	558	555	553	551	550	548	546	545	544	542	64
66	579	575	571	567	564	561	558	555	553	551	549	548	546	544	543	541	66
68	580	576	572	568	565	561	558	556	553	551	549	547	545	544	542	540	68
70	582	578	573	569	565	562	559	556	553	551	549	547	545	543	541	540	70
72	584	579	574	570	566	562	559	556	553	551	549	546	544	542	540	539	72
74	585	580	575	571	567	563	559	556	553	551	548	546	544	542	540	538	74
76	587	582	577	572	567	563	560	556	554	551	548	546	543	541	539	537	76
78	589	583	578	573	568	564	560	557	554	551	548	545	543	540	538	536	78
80	590	584	579	574	569	564	560	557	554	551	548	545	542	540	537	535	80
82	592	586	580	575	570	565	561	557	554	551	547	544	542	539	536	534	82
84	594	587	581	576	570	565	561	557	554	550	547	544	541	538	535	533	84
86	595	589	582	577	571	566	561	557	554	550	547	544	540	537	535	532	86
88	597	590	584	578	572	566	562	558	554	550	547	543	540	537	534	531	88
90	599	591	585	579	573	567	562	558	554	550	546	543	539	536	533	530	90
92	600	593	586	579	573	567	562	558	554	550	546	542	539	535	532	529	92
94	602	594	587	580	574	568	563	558	554	550	546	542	538	535	531	528	94
96	604	596	588	581	575	568	563	558	554	550	546	542	538	534	531	527	96
98	605	597	589	582	575	569	563	559	554	550	545	541	537	533	530	526	98
100	607	598	591	583	576	569	564	559	554	550	545	541	537	533	529	525	100
Höhe in Metern	25	26	27	28	29	30	31	32	33	34	35	36	37	38	39	40	Höhe in Metern

Massentafel für angehend haubare Buchen von 60 bis 90 Jahr.

Durchmesser bei 1,3 Meter Höhe. Cent.	Höhe des Baumes in Metern:																					Durchmesser bei 1,3 Meter Höhe. Cent.
	6	7	8	9	10	11	12	13	14	15	16	17	18	19	20	21	22	23	24	25	26	
	Kubischer Inhalt des Baumes mit Aesten in Festmetern und 0,01:																					
8	.02	.02	.02	.03	.03	.03	.03	.03	.03	.04	.04	.04	. .	. .	. .	. .	. .	. .	. .	. .	. .	8
10	.03	.03	.04	.04	.04	.05	.05	.05	.06	.06	.07	.07	.07	.08	. .	. .	. .	. .	. .	. .	. .	10
12	.05	.05	.05	.06	.06	.07	.07	.08	.08	.09	.10	.10	.11	.11	.12	. .	. .	. .	. .	. .	. .	12
14	.06	.07	.07	.08	.08	.09	.10	.11	.11	.12	.13	.14	.15	.15	.16	.17	. .	. .	. .	. .	. .	14
16	.08	.09	.09	.10	.11	.12	.13	.14	.15	.16	.17	.18	.19	.20	.21	.22	.23	. .	. .	. .	. .	16
18	.10	.11	.12	.13	.14	.15	.16	.17	.19	.20	.21	.23	.24	.25	.27	.28	.29	.31	. .	. .	. .	18
20	.13	.14	.15	.16	.17	.19	.20	.22	.23	.25	.26	.28	.30	.31	.33	.35	.36	.38	.39	. .	. .	20
22	.15	.17	.18	.19	.21	.22	.24	.26	.28	.30	.32	.34	.36	.38	.40	.42	.44	.46	.48	.50	. .	22
24	. .	.20	.21	.23	.25	.27	.29	.31	.33	.36	.38	.40	.43	.45	.47	.50	.52	.54	.57	.59	.62	24
26	. .	. .	.25	.27	.29	.31	.34	.36	.39	.42	.45	.47	.50	.53	.55	.58	.61	.64	.67	.69	.72	26
28	. .	. .	. .	.31	.33	.36	.39	.42	.45	.49	.52	.55	.58	.61	.64	.68	.71	.74	.77	.81	.84	28
30	. .	. .	. .	. .	.38	.42	.45	.48	.52	.56	.59	.63	.67	.70	.74	.78	.81	.85	.89	.92	.96	30
32	. .	. .	. .	. .	. .	.47	.51	.55	.59	.63	.68	.72	.76	.80	.84	.88	.93	.97	1.01	1.05	1.09	32
34	. .	. .	. .	. .	. .	. .	.58	.62	.67	.72	.76	.81	.86	.90	.95	1.00	1.04	1.09	1.14	1.19	1.23	34
36	. .	. .	. .	. .	. .	. .	. .	.70	.75	.80	.86	.91	.96	1.01	1.07	1.12	1.17	1.22	1.28	1.33	1.38	36
38	. .	. .	. .	. .	. .	. .	. .	. .	.84	.89	.95	1.01	1.07	1.13	1.19	1.25	1.31	1.36	1.42	1.48	1.54	38
40	. .	. .	. .	. .	. .	. .	. .	. .	. .	.99	1.06	1.12	1.19	1.25	1.32	1.38	1.45	1.51	1.58	1.64	1.71	40
42	. .	. .	. .	. .	. .	. .	. .	. .	. .	. .	1.16	1.24	1.31	1.38	1.45	1.52	1.59	1.67	1.74	1.81	1.88	42
44	. .	. .	. .	. .	. .	. .	. .	. .	. .	. .	. .	1.36	1.43	1.51	1.59	1.67	1.75	1.83	1.91	1.99	2.07	44
Höhe in Metern	6	7	8	9	10	11	12	13	14	15	16	17	18	19	20	21	22	23	24	25	26	Höhe in Metern
Richthöhe	4,010	4,362	4,714	5,066	5,443	5,894	6,345	6,852	7,369	7,886	8,403	8,920	9,437	9,954	10,471	10,988	11,507	12,029	12,552	13,075	13,598	Richthöhe
Baumformzahl	0,668	0,623	0,589	0,563	0,544	0,536	0,529	0,527	0,526	0,526	0,525	0,525	0,524	0,524	0,524	0,523	0,523	0,523	0,523	0,523	0,523	Baumformzahl

Birken von 35 bis 75 Jahr

mit Aesten.

Massentafel für Birken von 35 bis 75 Jahr.

Durchmesser bei 1,3 Meter Höhe. Cent.	Höhe des Baumes in Metern:																							Durchmesser bei 1,3 Meter Höhe. Cent.
	6	7	8	9	10	11	12	13	14	15	16	17	18	19	20	21	22	23	24	25	26	27	28	
	Kubischer Inhalt des Baumes mit Aesten in Festmetern und 0,01:																							
8	.02	.02	.02	.03	.03	.03	.03	.03	.03	.03	.04	.04	.04	.04	. .	. .	. .	. .	. .	. .	. .	. .	. .	8
10	.03	.03	.04	.04	.04	.04	.05	.05	.05	.05	.06	.06	.06	.07	.07	. .	. .	. .	. .	. .	. .	. .	. .	10
12	.05	.05	.05	.06	.06	.06	.07	.07	.07	.08	.08	.09	.09	.10	.10	.11	. .	. .	. .	. .	. .	. .	. .	12
14	.07	.07	.07	.08	.08	.09	.09	.10	.10	.11	.11	.12	.12	.13	.14	.14	.15	. .	. .	. .	. .	. .	. .	14
16	.09	.09	.10	.10	.11	.11	.12	.13	.13	.14	.15	.16	.16	.17	.18	.19	.20	.20	.21	. .	. .	. .	. .	16
18	.11	.12	.12	.13	.13	.14	.15	.16	.17	.18	.19	.20	.21	.22	.23	.24	.25	.26	.27	.28	.29	. .	. .	18
20	. .	.14	.15	.16	.17	.18	.19	.20	.21	.22	.23	.24	.25	.27	.28	.29	.31	.32	.33	.34	.36	.37	. .	20
22	. .	.17	.18	.19	.20	.21	.22	.24	.25	.26	.28	.29	.31	.32	.34	.35	.37	.38	.40	.41	.43	.45	.46	22
24	. .	. .	.22	.23	.24	.25	.27	.28	.30	.31	.33	.35	.37	.39	.40	.42	.44	.46	.48	.49	.51	.53	.55	24
26	. .	. .	. .	.27	.28	.30	.31	.33	.35	.37	.39	.41	.43	.45	.47	.49	.52	.54	.56	.58	.60	.62	.64	26
28	. .	. .	. .	. .	.33	.34	.36	.38	.40	.43	.45	.48	.50	.52	.55	.57	.60	.62	.65	.67	.70	.72	.75	28
30	. .	. .	. .	. .	. .	.39	.42	.44	.46	.49	.52	.55	.57	.60	.63	.66	.69	.71	.74	.77	.80	.83	.86	30
32	. .	. .	. .	. .	. .	. .	.47	.50	.53	.56	.59	.62	.65	.68	.72	.75	.78	.81	.85	.88	.91	.94	.97	32
34	. .	. .	. .	. .	. .	. .	.54	.57	.60	.63	.66	.70	.74	.77	.81	.85	.88	.92	.95	.99	1 03	1 06	1 10	34
36	. .	. .	. .	. .	. .	. .	. .	.63	.67	.71	.74	.79	.83	.87	.91	.95	.99	1 03	1 07	1 11	1 15	1 19	1 23	36
38	. .	. .	. .	. .	. .	. .	. .	.71	.75	.79	.83	.87	.92	.97	1 01	1 06	1 10	1 15	1 19	1 24	1 28	1 33	1 37	38
40	. .	. .	. .	. .	. .	. .	. .	. .	.82	.87	.92	.97	1 02	1 07	1 12	1 17	1 22	1 27	1 32	1 37	1 42	1 47	1 52	40
42	. .	. .	. .	. .	. .	. .	. .	. .	.91	.96	1 01	1 07	1 12	1 18	1 24	1 29	1 35	1 40	1 46	1 51	1 57	1 62	1 68	42
44	. .	. .	. .	. .	. .	. .	. .	. .	. .	1 05	1 11	1 17	1 23	1 29	1 36	1 42	1 48	1 54	1 60	1 66	1 72	1 78	1 84	44
46	. .	. .	. .	. .	. .	. .	. .	. .	. .	1 15	1 22	1 28	1 35	1 42	1 48	1 55	1 61	1 68	1 75	1 81	1 88	1 95	2 01	46
48	. .	. .	. .	. .	. .	. .	. .	. .	. .	1 25	1 32	1 40	1 47	1 54	1 61	1 69	1 76	1 83	1 90	1 98	2 05	2 12	2 19	48
50	. .	. .	. .	. .	. .	. .	. .	. .	. .	. .	1 44	1 51	1 59	1 67	1 75	1 83	1 91	1 99	2 06	2 14	2 22	2 30	2 38	50
52	. .	. .	. .	. .	. .	. .	. .	. .	. .	. .	1 55	1 64	1 72	1 81	1 89	1 98	2 06	2 15	2 23	2 32	2 40	2 49	2 57	52
54	. .	. .	. .	. .	. .	. .	. .	. .	. .	. .	. .	1 77	1 86	1 95	2 04	2 13	2 22	2 32	2 41	2 50	2 59	2 68	2 77	54
56	. .	. .	. .	. .	. .	. .	. .	. .	. .	. .	. .	1 90	2 00	2 10	2 20	2 29	2 39	2 49	2 59	2 69	2 79	2 89	2 98	56
58	. .	. .	. .	. .	. .	. .	. .	. .	. .	. .	. .	. .	2 14	2 25	2 36	2 46	2 57	2 67	2 78	2 88	2 99	3 10	3 20	58
60	. .	. .	. .	. .	. .	. .	. .	. .	. .	. .	. .	. .	2 29	2 41	2 52	2 63	2 75	2 86	2 97	3 09	3 20	3 31	3 43	60
Höhe in Metern	6	7	8	9	10	11	12	13	14	15	16	17	18	19	20	21	22	23	24	25	26	27	28	Höhe in Metern
Richthöhe	4,305	4,525	4,763	5,019	5,293	5,585	5,895	6,223	6,569	6,933	7,315	7,715	8,115	8,515	8,915	9,315	9,715	10,115	10,515	10,915	11,315	11,715	12,115	Richthöhe
Baumformzahl	0,717	0,646	0,595	0,558	0,529	0,508	0,491	0,479	0,469	0,462	0,457	0,454	0,451	0,448	0,446	0,444	0 442	0,440	0,438	0,437	0,435	0,434	0,433	Baumformzahl

Kiefern mit Aesten

a) haubare, über 90 Jahr,

b) angehend haubare, von 60 bis 90 Jahr.

Massentafel für haubare Kiefern über 90 Jahr.

Durchmesser bei 1,3 Meter Höhe. Cent.	Höhe des Baumes in Metern: 9	10	11	12	13	14	15	16	17	18	19	20	21	22	23	24	Durchmesser bei 1,3 Meter Höhe. Cent.
	Kubischer Inhalt des Baumes mit Aesten in Festmetern und 0,01:																
10	.04	.05	.05	.05	.06	.06	.06	.06									10
12	.06	.07	.07	.08	.08	.08	.09	.09	.10	.10							12
14	.09	.09	.10	.10	.11	.11	.12	.12	.13	.14	.14	.15					14
16	.11	.12	.13	.14	.14	.15	.16	.16	.17	.18	.18	.19	.20	.20			16
18	.15	.15	.16	.17	.18	.19	.20	.21	.22	.22	.23	.24	.25	.26	.27	.28	18
20	.18	.19	.20	.21	.22	.23	.24	.25	.27	.28	.29	.30	.31	.32	.33	.34	20
22	.22	.23	.24	.26	.27	.28	.30	.31	.32	.33	.35	.36	.37	.39	.40	.41	22
24	.26	.27	.29	.30	.32	.34	.35	.37	.38	.40	.41	.43	.44	.46	.48	.49	24
26	.30	.32	.34	.36	.38	.39	.41	.43	.45	.47	.49	.50	.52	.54	.56	.58	26
28	.35	.37	.39	.41	.44	.46	.48	.50	.52	.54	.56	.58	.61	.63	.65	.67	28
30	.40	.43	.45	.48	.50	.52	.55	.57	.60	.62	.65	.67	.70	.72	.74	.77	30
32		.49	.51	.54	.57	.60	.62	.65	.68	.71	.74	.76	.79	.82	.85	.87	32
34		.55	.58	.61	.64	.67	.71	.74	.77	.80	.83	.86	.89	.92	.96	.99	34
36		.62	.65	.69	.72	.76	.79	.83	.86	.90	.93	.97	1.00	1.04	1.07	1.11	36
38			.72	.76	.80	.84	.88	.92	.96	1.00	1.04	1.08	1.12	1.15	1.19	1.23	38
40			.80	.85	.89	.93	.98	1.02	1.06	1.11	1.15	1.19	1.24	1.28	1.32	1.37	40
42			.89	.93	.98	1.03	1.08	1.12	1.17	1.22	1.27	1.31	1.36	1.41	1.46	1.51	42
44			.97	1.02	1.08	1.13	1.18	1.23	1.29	1.34	1.39	1.44	1.50	1.55	1.60	1.65	44
46				1.12	1.18	1.23	1.29	1.35	1.41	1.46	1.52	1.58	1.63	1.69	1.75	1.81	46
48				1.22	1.28	1.34	1.41	1.47	1.53	1.59	1.65	1.72	1.78	1.84	1.90	1.97	48
50				1.32	1.39	1.46	1.53	1.59	1.66	1.73	1.80	1.86	1.93	2.00	2.07	2.13	50
52				1.43	1.50	1.58	1.65	1.72	1.80	1.87	1.94	2.02	2.09	2.16	2.24	2.31	52
54					1.62	1.70	1.78	1.86	1.94	2.02	2.09	2.17	2.25	2.33	2.41	2.49	54
56					1.74	1.83	1.91	2.00	2.08	2.17	2.25	2.34	2.42	2.51	2.59	2.68	56
58					1.87	1.96	2.05	2.14	2.23	2.33	2.42	2.51	2.60	2.69	2.78	2.87	58
60					2.00	2.10	2.20	2.29	2.39	2.49	2.59	2.68	2.78	2.88	2.98	3.07	60
62						2.24	2.35	2.45	2.55	2.66	2.76	2.87	2.97	3.07	3.18	3.28	62
64						2.39	2.50	2.61	2.72	2.83	2.94	3.05	3.16	3.27	3.39	3.50	64
66						2.54	2.66	2.78	2.89	3.01	3.13	3.25	3.36	3.48	3.60	3.72	66
68						2.70	2.82	2.95	3.07	3.20	3.32	3.45	3.57	3.70	3.82	3.95	68
70							2.99	3.12	3.25	3.39	3.52	3.65	3.78	3.92	4.05	4.18	70
72							3.16	3.30	3.44	3.58	3.72	3.86	4.00	4.14	4.28	4.43	72
74							3.34	3.49	3.64	3.79	3.93	4.08	4.23	4.38	4.53	4.67	74
76							3.52	3.68	3.84	3.99	4.15	4.31	4.46	4.62	4.77	4.93	76
78							3.71	3.88	4.04	4.21	4.37	4.53	4.70	4.86	5.03	5.19	78
80								4.08	4.25	4.42	4.60	4.77	4.94	5.12	5.29	5.46	80
82								4.28	4.47	4.65	4.83	5.01	5.19	5.38	5.56	5.74	82
84								4.50	4.69	4.88	5.07	5.26	5.45	5.64	5.83	6.02	84
86								4.71	4.91	5.11	5.31	5.51	5.71	5.91	6.11	6.31	86
88								4.93	5.14	5.35	5.56	5.77	5.98	6.19	6.40	6.61	88
90								5.16	5.38	5.60	5.82	6.04	6.26	6.48	6.70	6.91	90
Höhe	9	10	11	12	13	14	15	16	17	18	19	20	21	22	23	24	Höhe
Richthöhe	5,700	6,045	6,389	6,734	7,078	7,423	7,767	8,112	8,457	8,801	9,146	9,490	9,835	10,180	10,524	10,869	Richthöhe
Baumformz.	0,633	0,604	0,581	0,561	0,544	0,530	0,518	0,507	0,498	0,489	0,481	0,475	0,468	0,463	0,458	0,453	Baumformz.

Massentafel für haubare Kiefern über 90 Jahr.

Durchmesser bei 1,3 Meter Höhe. Cent.	Höhe des Baumes in Metern: 25	26	27	28	29	30	31	32	33	34	35	36	37	38	39	40	Durchmesser bei 1,3 Meter Höhe. Cent.
	Kubischer Inhalt des Baumes mit Aesten in Festmetern und 0,01:																
20	.35	.36	.	.	.	.	.	.	.	.	.	.	.	.	.	.	20
22	.43	.44	.45	.47	.	.	.	.	.	.	.	.	.	.	.	.	22
24	.51	.52	.54	.55	.57	.59	.	.	.	.	.	.	.	.	.	.	24
26	.60	.61	.63	.65	.67	.69	.71	.72	.	.	.	.	.	.	.	.	26
28	.69	.71	.73	.75	.78	.80	.82	.84	.86	.88	.	.	.	.	.	.	28
30	.79	.82	.84	.87	.89	.91	.94	.96	.99	1,01	1,04	1,06	.	.	.	.	30
32	.90	.93	.96	.98	1,01	1,04	1,07	1,10	1,12	1,15	1,18	1,21	1,23	1,26	.	.	32
34	1,02	1,05	1,08	1,11	1,14	1,17	1,21	1,24	1,27	1,30	1,33	1,36	1,39	1,42	1,46	1,49	34
36	1,14	1,18	1,21	1,25	1,28	1,32	1,35	1,39	1,42	1,46	1,49	1,53	1,56	1,60	1,63	1,67	36
38	1,27	1,31	1,35	1,39	1,43	1,47	1,51	1,55	1,58	1,62	1,66	1,70	1,74	1,78	1,82	1,86	38
40	1,41	1,45	1,50	1,54	1,58	1,63	1,67	1,71	1,76	1,80	1,84	1,89	1,93	1,97	2,02	2,06	40
42	1,55	1,60	1,65	1,70	1,74	1,79	1,84	1,89	1,94	1,98	2,03	2,08	2,13	2,17	2,22	2,27	42
44	1,71	1,76	1,81	1,86	1,91	1,97	2,02	2,07	2,12	2,18	2,23	2,28	2,33	2,39	2,44	2,49	44
46	1,86	1,92	1,98	2,04	2,09	2,15	2,21	2,26	2,32	2,38	2,44	2,49	2,55	2,61	2,67	2,72	46
48	2,03	2,09	2,15	2,22	2,28	2,34	2,40	2,47	2,53	2,59	2,65	2,72	2,78	2,84	2,90	2,96	48
50	2,20	2,27	2,34	2,40	2,47	2,54	2,61	2,68	2,74	2,81	2,88	2,95	3,01	3,08	3,15	3,22	50
52	2,38	2,45	2,53	2,60	2,67	2,75	2,82	2,89	2,97	3,04	3,11	3,19	3,26	3,33	3,41	3,48	52
54	2,57	2,65	2,73	2,80	2,88	2,96	3,04	3,12	3,20	3,28	3,36	3,44	3,52	3,59	3,67	3,75	54
56	2,76	2,85	2,93	3,02	3,10	3,19	3,27	3,36	3,44	3,53	3,61	3,70	3,78	3,87	3,95	4,03	56
58	2,96	3,05	3,14	3,24	3,33	3,42	3,51	3,60	3,69	3,78	3,87	3,96	4,06	4,15	4,24	4,33	58
60	3,17	3,27	3,37	3,46	3,56	3,66	3,76	3,85	3,95	4,05	4,14	4,24	4,34	4,44	4,53	4,63	60
62	3,39	3,49	3,59	3,70	3,80	3,91	4,01	4,11	4,22	4,32	4,43	4,53	4,63	4,74	4,84	4,95	62
64	3,61	3,72	3,83	3,94	4,05	4,16	4,27	4,38	4,49	4,60	4,72	4,83	4,94	5,05	5,16	5,27	64
66	3,84	3,95	4,07	4,19	4,31	4,43	4,54	4,66	4,78	4,90	5,02	5,13	5,25	5,37	5,49	5,60	66
68	4,07	4,20	4,32	4,45	4,57	4,70	4,82	4,95	5,07	5,20	5,32	5,45	5,57	5,70	5,82	5,95	68
70	4,32	4,45	4,58	4,71	4,85	4,98	5,11	5,24	5,38	5,51	5,64	5,77	5,91	6,04	6,17	6,30	70
72	4,57	4,71	4,85	4,99	5,13	5,27	5,41	5,55	5,69	5,83	5,97	6,11	6,25	6,39	6,53	6,67	72
74	4,82	4,97	5,12	5,27	5,42	5,56	5,71	5,86	6,01	6,16	6,30	6,45	6,60	6,75	6,90	7,05	74
76	5,09	5,24	5,40	5,56	5,71	5,87	6,02	6,18	6,34	6,49	6,65	6,81	6,96	7,12	7,28	7,43	76
78	5,36	5,52	5,69	5,85	6,02	6,18	6,35	6,51	6,68	6,84	7,00	7,17	7,33	7,50	7,66	7,83	78
80	5,64	5,81	5,98	6,16	6,33	6,50	6,68	6,85	7,02	7,20	7,37	7,54	7,71	7,89	8,06	8,23	80
82	5,92	6,10	6,29	6,47	6,65	6,83	7,01	7,20	7,38	7,56	7,74	7,92	8,11	8,29	8,47	8,65	82
84	6,21	6,41	6,60	6,79	6,98	7,17	7,36	7,55	7,74	7,93	8,12	8,31	8,51	8,70	8,89	9,08	84
86	6,51	6,71	6,91	7,11	7,31	7,51	7,71	7,91	8,12	8,32	8,52	8,72	8,92	9,12	9,32	9,52	86
88	6,82	7,03	7,24	7,45	7,66	7,87	8,08	8,29	8,50	8,71	8,92	9,13	9,33	9,54	9,75	9,96	88
90	7,13	7,35	7,57	7,79	8,01	8,23	8,45	8,67	8,89	9,11	9,33	9,54	9,76	9,98	10,20	10,42	90
92	7,45	7,68	7,91	8,14	8,37	8,60	8,83	9,06	9,29	9,52	9,74	9,97	10,20	10,43	10,66	10,89	92
94	7,78	8,02	8,26	8,50	8,74	8,98	9,22	9,46	9,69	9,93	10,17	10,41	10,65	10,89	11,13	11,37	94
96	8,12	8,37	8,62	8,86	9,11	9,36	9,61	9,86	10,11	10,36	10,61	10,86	11,11	11,36	11,61	11,86	96
98	8,46	8,72	8,98	9,24	9,50	9,76	10,02	10,28	10,54	10,80	11,06	11,32	11,58	11,84	12,10	12,36	98
100	8,81	9,08	9,35	9,62	9,89	10,16	10,43	10,70	10,97	11,24	11,51	11,78	12,05	12,33	12,60	12,87	100
Höhe	25	26	27	28	29	30	31	32	33	34	35	36	37	38	39	40	Höhe
Richthöhe	11,213	11,558	11,902	12,247	12,592	12,936	13,281	13,625	13,970	14,315	14,659	15,004	15,348	15,693	16,037	16,382	Richthöhe
Baumformz.	0,449	0,445	0,441	0,437	0,434	0,431	0,428	0,426	0,423	0,421	0,419	0,417	0,415	0,413	0,411	0,410	Baumformz.

Massentafel für angehend haubare Kiefern von 60 bis 90 Jahr.

Durchmesser bei 1,3 Meter Höhe. Cent.	Höhe des Baumes in Metern: 6	7	8	9	10	11	12	13	14	15	16	17	18	19	Durchmesser bei 1,3 Meter Höhe. Cent.
	Kubischer Inhalt des Baumes mit Aesten in Festmetern und 0,01:														
8	.02	.02	.02	.02	.03	.03	.03	.03	.03	.04	.04	. .	. .	. .	8
10	.03	.03	.04	.04	.04	.04	.05	.05	.05	.06	.06	.06	.07	.07	10
12	.04	.05	.05	.06	.06	.06	.07	.07	.08	.08	.09	.09	.09	.10	12
14	.06	.06	.07	.08	.08	.09	.09	.10	.10	.11	.12	.12	.13	.13	14
16	.08	.08	.09	.10	.11	.11	.12	.13	.14	.14	.15	.16	.17	.17	16
18	.10	.11	.11	.12	.13	.14	.15	.16	.17	.18	.19	.20	.21	.22	18
20	. .	.13	.14	.15	.17	.18	.19	.20	.21	.22	.24	.25	.26	.27	20
22	. .	.16	.17	.19	.20	.21	.23	.24	.26	.27	.29	.30	.31	.33	22
24	. .	.19	.20	.22	.24	.26	.27	.29	.31	.32	.34	.36	.37	.39	24
26	. .	. .	.24	.26	.28	.30	.32	.34	.36	.38	.40	.42	.44	.46	26
28	. .	. .	.28	.30	.32	.35	.37	.39	.42	.44	.46	.49	.51	.53	28
30	. .	. .	.32	.35	.37	.40	.43	.45	.48	.51	.53	.56	.59	.61	30
32	. .	. .	. .	.39	.42	.45	.48	.51	.54	.58	.61	.64	.67	.70	32
34	. .	. .	. .	.44	.48	.51	.55	.58	.61	.65	.68	.72	.75	.79	34
36	. .	. .	. .	.50	.54	.57	.61	.65	.69	.73	.77	.80	.84	.88	36
38	. .	. .	. .	. .	.60	.64	.68	.73	.77	.81	.85	.90	.94	.98	38
40	. .	. .	. .	. .	.66	.71	.76	.80	.85	.90	.95	.99	1 04	1 09	40
42	. .	. .	. .	. .	.73	.78	.83	.89	.94	.99	1 04	1 10	1 15	1 20	42
44	. .	. .	. .	. .	. .	.86	.91	.97	1 03	1 09	1 14	1 20	1 26	1 32	44
46	. .	. .	. .	. .	. .	.94	1 00	1 06	1 13	1 19	1 25	1 31	1 38	1 44	46
48	. .	. .	. .	. .	. .	1 02	1 09	1 16	1 23	1 29	1 36	1 43	1 50	1 57	48
50	. .	. .	. .	. .	. .	. .	1 18	1 26	1 33	1 40	1 48	1 55	1 63	1 70	50
52	. .	. .	. .	. .	. .	. .	1 28	1 36	1 44	1 52	1 60	1 68	1 76	1 84	52
54	. .	. .	. .	. .	. .	. .	. .	1 46	1 55	1 64	1 72	1 81	1 90	1 98	54
56	. .	. .	. .	. .	. .	. .	. .	1 58	1 67	1 76	1 85	1 95	2 04	2 13	56
58	. .	. .	. .	. .	. .	. .	. .	. .	1 79	1 89	1 99	2 09	2 19	2 29	58
60	. .	. .	. .	. .	. .	. .	. .	. .	1 91	2 02	2 13	2 24	2 34	2 45	60
62	. .	. .	. .	. .	. .	. .	. .	. .	. .	2 16	2 27	2 39	2 50	2 61	62
64	. .	. .	. .	. .	. .	. .	. .	. .	. .	2 30	2 42	2 54	2 66	2 79	64
66	. .	. .	. .	. .	. .	. .	. .	. .	. .	. .	2 58	2 70	2 83	2 96	66
68	. .	. .	. .	. .	. .	. .	. .	. .	. .	. .	2 73	2 87	3 01	3 15	68
70	. .	. .	. .	. .	. .	. .	. .	. .	. .	. .	2 90	3 04	3 19	3 33	70
72	. .	. .	. .	. .	. .	. .	. .	. .	. .	. .	. .	3 22	3 37	3 53	72
74	. .	. .	. .	. .	. .	. .	. .	. .	. .	. .	. .	3 40	3 56	3 73	74
76	. .	. .	. .	. .	. .	. .	. .	. .	. .	. .	. .	. .	3 76	3 93	76
78	. .	. .	. .	. .	. .	. .	. .	. .	. .	. .	. .	. .	3 96	4 14	78
80	. .	. .	. .	. .	. .	. .	. .	. .	. .	. .	. .	. .	. .	4 35	80
Höhe	6	7	8	9	10	11	12	13	14	15	16	17	18	19	Höhe
Richthöhe	3,750	4,128	4,506	4,883	5,261	5,639	6,017	6,395	6,773	7,150	7,528	7,906	8,284	8,662	Richthöhe
Baumformz.	0,625	0,590	0,563	0,543	0,526	0,513	0,501	0,492	0,484	0,477	0,471	0,465	0,460	0,456	Baumformz.

Massentafel für angehend haubare Kiefern von 60 bis 90 Jahr.

Durchmesser bei 1,3 Meter Höhe. Cent.	Höhe des Baumes in Metern: 20	21	22	23	24	25	26	27	28	29	30	31	32	33	Durchmesser bei 1,3 Meter Höhe. Cent.
	Kubischer Inhalt des Baumes mit Aesten in Festmetern und 0,01:														
8	. .	. .	. .	. .	. .	. .	. .	. .	. .	. .	. .	. .	. .	. .	8
10	. .	. .	. .	. .	. .	. .	. .	. .	. .	. .	. .	. .	. .	. .	10
12	10	. 11	. .	. .	. .	. .	. .	. .	. .	. .	. .	. .	. .	. .	12
14	. 14	. 14	. 15	. 16	. .	. .	. .	. .	. .	. .	. .	. .	. .	. .	14
16	. 18	. 19	. 20	. 20	. 21	. .	. .	. .	. .	. .	. .	. .	. .	. .	16
18	. 23	. 24	. 25	. 26	. 27	. 28	. .	. .	. .	. .	. .	. .	. .	. .	18
20	. 28	. 30	. 31	. 32	. 33	. 34	. 36	. .	. .	. .	. .	. .	. .	. .	20
22	. 34	. 36	. 37	. 39	. 40	. 42	. 43	. 44	. .	. .	. .	. .	. .	. .	22
24	. 41	. 43	. 44	. 46	. 48	. 49	. 51	. 53	. 55	. .	. .	. .	. .	. .	24
26	. 48	. 50	. 52	. 54	. 56	. 58	. 60	. 62	. 64	. 66	. .	. .	. .	. .	26
28	. 56	. 58	. 60	. 63	. 65	. 67	. 70	. 72	. 74	. 77	. 79	. .	. .	. .	28
30	. 64	. 67	. 69	. 72	. 75	. 77	. 80	. 83	. 85	. 88	. 91	. 93	. .	. .	30
32	. 73	. 76	. 79	. 82	. 85	. 88	. 91	. 94	. 97	1 00	1 03	1 06	1 09	. .	32
34	. 82	. 86	. 89	. 92	. 96	. 99	1 03	1 06	1 10	1 13	1 16	1 20	1 23	1 27	34
36	. 92	. 96	1 00	1 04	1 07	1 11	1 15	1 19	1 23	1 27	1 30	1 34	1 38	1 42	36
38	1 03	1 07	1 11	1 15	1 20	1 24	1 28	1 33	1 37	1 41	1 45	1 50	1 54	1 58	38
40	1 14	1 18	1 23	1 28	1 33	1 37	1 42	1 47	1 52	1 56	1 61	1 66	1 71	1 75	40
42	1 25	1 30	1 36	1 41	1 46	1 51	1 57	1 62	1 67	1 72	1 78	1 83	1 88	1 93	42
44	1 37	1 43	1 49	1 55	1 60	1 66	1 72	1 78	1 83	1 89	1 95	2 01	2 06	2 12	44
46	1 50	1 57	1 63	1 69	1 75	1 82	1 88	1 94	2 00	2 07	2 13	2 19	2 26	2 32	46
48	1 64	1 70	1 77	1 84	1 91	1 98	2 05	2 11	2 18	2 25	2 32	2 39	2 46	2 52	48
50	1 77	1 85	1 92	2 00	2 07	2 15	2 22	2 29	2 37	2 44	2 52	2 59	2 67	2 74	50
52	1 92	2 00	2 08	2 16	2 24	2 32	2 40	2 48	2 56	2 64	2 72	2 80	2 88	2 96	52
54	2 07	2 16	2 24	2 33	2 42	2 50	2 59	2 68	2 76	2 85	2 94	3 02	3 11	3 20	54
56	2 23	2 32	2 41	2 51	2 60	2 69	2 78	2 88	2 97	3 06	3 16	3 25	3 34	3 44	56
58	2 39	2 49	2 59	2 69	2 79	2 89	2 99	3 09	3 19	3 29	3 39	3 49	3 59	3 69	58
60	2 56	2 66	2 77	2 88	2 98	3 09	3 20	3 30	3 41	3 52	3 62	3 73	3 84	3 94	60
62	2 73	2 84	2 96	3 07	3 19	3 30	3 41	3 53	3 64	3 76	3 87	3 98	4 10	4 21	62
64	2 91	3 03	3 15	3 27	3 39	3 52	3 64	3 76	3 88	4 00	4 12	4 24	4 37	4 49	64
66	3 09	3 22	3 35	3 48	3 61	3 74	3 87	4 00	4 13	4 26	4 39	4 51	4 64	4 77	66
68	3 28	3 42	3 56	3 69	3 83	3 97	4 11	4 24	4 38	4 52	4 65	4 79	4 93	5 07	68
70	3 48	3 62	3 77	3 91	4 06	4 21	4 35	4 50	4 64	4 79	4 93	5 08	5 22	5 37	70
72	3 68	3 83	3 99	4 14	4 30	4 45	4 60	4 76	4 91	5 06	5 22	5 37	5 53	5 68	72
74	3 89	4 05	4 21	4 38	4 54	4 70	4 86	5 03	5 19	5 35	5 51	5 68	5 84	6 00	74
76	4 10	4 27	4 44	4 61	4 79	4 96	5 13	5 30	5 47	5 64	5 81	5 99	6 16	6 33	76
78	4 32	4 50	4 68	4 86	5 04	5 22	5 40	5 58	5 76	5 94	6 12	6 31	6 49	6 67	78
80	4 54	4 73	4 92	5 11	5 30	5 49	5 68	5 87	6 06	6 25	6 44	6 63	6 82	7 01	80
Höhe	20	21	22	23	24	25	26	27	28	29	30	31	32	33	Höhe
Richthöhe	9,039	9,417	9,795	10,173	10,551	10,928	11,306	11,684	12,062	12,440	12,818	13,195	13,573	13,951	Richthöhe
Baumformz.	*0,452*	*0,448*	*0,445*	*0,442*	*0,440*	*0,437*	*0,435*	*0,433*	*0,431*	*0,429*	*0,427*	*0,426*	*0,424*	*0,423*	Baumformz.

Fichten ohne Aeste

a) haubare, über 90 Jahr,

b) angehend haubare, von 60 bis 90 Jahr.

Massentafel für haubare Fichten über 90 Jahr.

Durchmesser bei 1,3 Meter Höhe. Cent.	Höhe des Baumes in Metern: Kubischer Inhalt des Schaftes ohne Aeste in Festmetern und 0,01: 9	10	11	12	13	14	15	16	17	18	19	20	21	22	23	24	Durchmesser bei 1,3 Meter Höhe. Cent.	Schaftformzahl. 0,001
10	.04	.04	.05	.05	.06	.06	.07	.07	.07	.08	.	.	.	.	.	.	10	559
12	.06	.06	.07	.07	.08	.09	.09	.10	.10	.11	.12	.12	.	.	.	.	12	544
14	.07	.08	.09	.10	.11	.11	.12	.13	.14	.15	.16	.16	.17	.18	.	.	14	532
16	.09	.10	.12	.13	.14	.15	.16	.17	.18	.19	.20	.21	.22	.23	.24	.25	16	522
18	.12	.13	.14	.16	.17	.18	.20	.21	.22	.23	.25	.26	.27	.29	.30	.31	18	513
20	.14	.16	.17	.19	.21	.22	.24	.25	.27	.29	.30	.32	.33	.35	.36	.38	20	505
22	.17	.19	.21	.23	.25	.27	.28	.30	.32	.34	.36	.38	.40	.42	.44	.45	22	498
24	.20	.22	.24	.27	.29	.31	.33	.36	.38	.40	.42	.45	.47	.49	.51	.53	24	492
26	.23	.26	.28	.31	.34	.36	.39	.41	.44	.46	.49	.52	.54	.57	.59	.62	26	486
28	.27	.30	.33	.35	.38	.41	.44	.47	.50	.53	.56	.59	.62	.65	.68	.71	28	480
30	.	.34	.37	.40	.44	.47	.50	.54	.57	.60	.64	.67	.71	.74	.77	.81	30	475
32	.	.38	.42	.45	.49	.53	.57	.60	.64	.68	.72	.76	.79	.83	.87	.91	32	470
34	.	.42	.47	.51	.55	.59	.63	.68	.72	.76	.80	.85	.89	.93	.97	1.02	34	466
36	.	.	.52	.56	.61	.66	.71	.75	.80	.85	.89	.94	.99	1.03	1.08	1.13	36	462
38	.	.	.57	.62	.67	.73	.78	.83	.88	.93	.98	1.04	1.09	1.14	1.19	1.24	38	457
40	.	.	.	.68	.74	.80	.85	.91	.97	1.02	1.08	1.14	1.20	1.25	1.31	1.37	40	453
42	.	.	.	.75	.81	.87	.93	1.00	1.06	1.12	1.18	1.24	1.31	1.37	1.43	1.49	42	449
44	.	.	.	.	.88	.95	1.01	1.08	1.15	1.22	1.28	1.35	1.42	1.49	1.55	1.62	44	444
46	.	.	.	.	.95	1.02	1.10	1.17	1.24	1.32	1.39	1.46	1.54	1.61	1.68	1.75	46	440
48	.	.	.	.	.	1.10	1.18	1.26	1.34	1.42	1.50	1.58	1.66	1.74	1.81	1.89	48	436
50	.	.	.	.	.	1.18	1.27	1.35	1.44	1.52	1.61	1.69	1.78	1.86	1.95	2.03	50	431
52	.	.	.	.	.	.	1.36	1.45	1.54	1.63	1.72	1.81	1.90	2.00	2.09	2.18	52	427
54	.	.	.	.	.	.	1.45	1.55	1.65	1.74	1.84	1.94	2.03	2.13	2.23	2.33	54	423
56	.	.	.	.	.	.	.	1.65	1.75	1.86	1.96	2.06	2.17	2.27	2.37	2.48	56	419
58	.	.	.	.	.	.	.	1.75	1.86	1.97	2.08	2.19	2.30	2.41	2.52	2.63	58	414
60	.	.	.	.	.	.	.	.	1.97	2.09	2.20	2.32	2.43	2.55	2.67	2.78	60	410
62	.	.	.	.	.	.	.	.	2.08	2.21	2.33	2.45	2.57	2.70	2.82	2.94	62	406
64	.	.	.	.	.	.	.	.	.	2.32	2.45	2.58	2.71	2.84	2.97	3.10	64	401
66	.	.	.	.	.	.	.	.	.	2.44	2.58	2.72	2.85	2.99	3.12	3.26	66	397
68	.	.	.	.	.	.	.	.	.	.	2.71	2.85	3.00	3.14	3.28	3.43	68	393
70	.	.	.	.	.	.	.	.	.	.	2.84	2.99	3.14	3.28	3.43	3.58	70	388
72	.	.	.	.	.	.	.	.	.	.	.	3.13	3.28	3.44	3.60	3.75	72	384
74	.	.	.	.	.	.	.	.	.	.	.	.	3.43	3.60	3.76	3.92	74	380
76	.	.	.	.	.	.	.	.	.	.	.	.	.	3.75	3.92	4.09	76	376
78	.	.	.	.	.	.	.	.	.	.	.	.	.	3.92	4.10	4.28	78	373
80	.	.	.	.	.	.	.	.	.	.	.	.	.	.	4.28	4.46	80	370
82	.	.	.	.	.	.	.	.	.	.	.	.	.	.	.	4.65	82	367
Höhe in Metern	9	10	11	12	13	14	15	16	17	18	19	20	21	22	23	24	Höhe in Metern	

Massentafel für haubare Fichten über 90 Jahr.

Durchmesser bei 1,3 Meter Höhe. Cent.	Höhe des Baumes in Metern: Kubischer Inhalt des Schaftes ohne Aeste in Festmetern und 0,01: 25	26	27	28	29	30	31	32	33	34	35	36	37	38	39	Durchmesser bei 1,3 Meter Höhe. Cent.	Schaftformzahl. 0,001
18	· 33	· 34	·	·	·	·	·	·	·	·	·	·	·	·	·	18	·513
20	· 40	· 41	· 43	· 44	·	·	·	·	·	·	·	·	·	·	·	20	505
22	· 47	· 49	· 51	· 53	· 55	· 57	·	·	·	·	·	·	·	·	·	22	498
24	· 56	· 58	· 60	· 62	· 65	· 67	· 69	· 71	·	·	·	·	·	·	·	24	492
26	· 65	· 67	· 70	· 72	· 75	· 77	· 80	· 83	· 85	·	·	·	·	·	·	26	486
28	· 74	· 77	· 80	· 83	· 86	· 89	· 92	· 95	· 98	1 00	·	·	·	·	·	28	480
30	· 84	· 87	· 91	· 94	· 97	1 01	1 04	1 07	1 11	1 14	1 18	·	·	·	·	30	475
32	· 94	· 98	1 02	1 06	1 10	1 13	1 17	1 21	1 25	1 29	1 32	1 36	·	·	·	32	470
34	1 06	1 10	1 14	1 18	1 23	1 27	1 31	1 35	1 40	1 44	1 48	1 52	1 57	1 61	·	34	466
36	1 18	1 22	1 27	1 32	1 36	1 41	1 46	1 50	1 55	1 60	1 65	1 69	1 74	1 79	1 83	36	462
38	1 30	1 35	1 40	1 45	1 50	1 55	1 61	1 66	1 71	1 76	1 81	1 87	1 92	1 97	2 02	38	457
40	1 42	1 48	1 54	1 59	1 65	1 71	1 76	1 82	1 88	1 94	1 99	2 05	2 11	2 16	2 22	40	453
42	1 56	1 62	1 68	1 74	1 80	1 87	1 93	1 99	2 05	2 12	2 18	2 24	2 30	2 36	2 43	42	449
44	1 69	1 76	1 82	1 89	1 96	2 03	2 09	2 16	2 23	2 30	2 36	2 43	2 50	2 57	2 63	44	444
46	1 83	1 90	1 97	2 05	2 12	2 19	2 27	2 34	2 41	2 49	2 56	2 63	2 71	2 78	2 85	46	440
48	1 97	2 05	2 13	2 21	2 29	2 37	2 45	2 52	2 60	2 68	2 76	2 84	2 92	3 00	3 08	48	436
50	2 12	2 20	2 28	2 37	2 45	2 54	2 62	2 71	2 79	2 88	2 96	3 05	3 13	3 22	3 30	50	431
52	2 27	2 36	2 45	2 54	2 63	2 72	2 81	2 90	2 99	3 08	3 17	3 26	3 36	3 45	3 54	52	427
54	2 42	2 52	2 62	2 71	2 81	2 91	3 00	3 10	3 20	3 29	3 39	3 49	3 58	3 68	3 78	54	423
56	2 58	2 68	2 79	2 89	2 99	3 10	3 20	3 30	3 41	3 51	3 61	3 72	3 82	3 92	4 02	56	419
58	2 73	2 84	2 95	3 06	3 17	3 28	3 39	3 50	3 61	3 72	3 83	3 94	4 05	4 16	4 27	58	414
60	2 90	3 01	3 13	3 25	3 36	3 48	3 59	3 71	3 83	3 94	4 06	4 17	4 29	4 41	4 52	60	410
62	3 06	3 19	3 31	3 43	3 55	3 68	3 80	3 92	4 04	4 17	4 29	4 41	4 54	4 66	4 78	62	406
64	3 23	3 35	3 48	3 61	3 74	3 87	4 00	4 13	4 26	4 39	4 52	4 64	4 77	4 90	5 03	64	401
66	3 40	3 53	3 67	3 80	3 94	4 07	4 21	4 35	4 48	4 62	4 75	4 89	5 03	5 16	5 30	66	397
68	3 57	3 71	3 85	4 00	4 14	4 28	4 42	4 57	4 71	4 85	5 00	5 14	5 28	5 42	5 57	68	393
70	3 73	3 88	4 03	4 18	4 33	4 48	4 63	4 78	4 93	5 08	5 23	5 37	5 52	5 67	5 82	70	388
72	3 91	4 06	4 22	4 38	4 53	4 69	4 85	5 00	5 16	5 32	5 47	5 63	5 78	5 94	6 10	72	384
74	4 09	4 25	4 41	4 58	4 74	4 90	5 07	5 23	5 39	5 56	5 72	5 88	6 05	6 21	6 37	74	380
76	4 26	4 43	4 61	4 78	4 95	5 12	5 29	5 46	5 63	5 80	5 97	6 14	6 31	6 48	6 65	76	376
78	4 46	4 63	4 81	4 99	5 17	5 35	5 53	5 70	5 88	6 06	6 24	6 42	6 59	6 77	6 95	78	373
80	4 65	4 84	5 02	5 21	5 39	5 58	5 77	5 95	6 14	6 32	6 51	6 70	6 88	7 07	7 25	80	370
82	4 85	5 04	5 23	5 43	5 62	5 81	6 01	6 20	6 40	6 59	6 78	6 98	7 17	7 36	7 56	82	367
84	5 06	5 26	5 46	5 66	5 87	6 07	6 27	6 47	6 68	6 88	7 08	7 28	7 48	7 69	7 89	84	365
86	·	5 48	5 69	5 90	6 11	6 33	6 54	6 75	6 96	7 17	7 38	7 59	7 80	8 01	8 22	86	363
88	·	·	5 93	6 15	6 37	6 59	6 81	7 03	7 25	7 47	7 68	7 90	8 12	8 34	8 56	88	361
90	·	·	·	6 40	6 63	6 86	7 09	7 32	7 55	7 78	8 00	8 23	8 46	8 69	8 92	90	359,5
92	·	·	·	·	6 90	7 14	7 38	7 62	7 85	8 09	8 33	8 57	8 81	9 04	9 28	92	358
94	·	·	·	·	·	7 42	7 67	7 92	8 16	8 41	8 66	8 91	9 15	9 40	9 65	94	356,5
96	·	·	·	·	·	·	7 97	8 22	8 48	8 74	8 99	9 25	9 51	9 76	10 02	96	355
98	·	·	·	·	·	·	·	8 54	8 81	9 08	9 35	9 61	9 88	10 15	10 41	98	354
100	·	·	·	·	·	·	·	·	9 16	9 44	9 72	9 99	10 27	10 55	10 83	100	353,5
102	·	·	·	·	·	·	·	·	·	9 81	10 10	10 38	10 67	10 96	11 25	102	353
104	·	·	·	·	·	·	·	·	·	·	10 50	10 80	11 10	11 40	11 69	104	353
106	·	·	·	·	·	·	·	·	·	·	·	·	11 53	11 84	12 15	106	353
108	·	·	·	·	·	·	·	·	·	·	·	·	·	12 29	12 61	108	353
110	·	·	·	·	·	·	·	·	·	·	·	·	·	·	13 08	110	353
Höhe in Metern	25	26	27	28	29	30	31	32	33	34	35	36	37	38	39	Höhe in Metern	

Massentafel für haubare Fichten über 90 Jahr.

Durchmesser bei 1,3 Meter Höhe.	Höhe des Baumes in Metern:															Durchmesser bei 1,3 Meter Höhe.	Schaftformzahl.
	40	41	42	43	44	45	46	47	48	49	50	51	52	53	54		
Cent.	Kubischer Inhalt des Schaftes ohne Aeste in Festmetern und 0,01:															Cent.	0,001
38	2 07	. .	. .	. .	. .	. .	. .	. .	. .	. .	. .	. .	. .	. .	. .	38	457
40	2 28	2 33	2 39	. .	. .	. .	. .	. .	. .	. .	. .	. .	. .	. .	. .	40	453
42	2 49	2 55	2 61	2 67	. .	. .	. .	. .	. .	. .	. .	. .	. .	. .	. .	42	449
44	2 70	2 77	2 84	2 90	2 97	. .	. .	. .	. .	. .	. .	. .	. .	. .	. .	44	444
46	2 92	3 00	3 07	3 14	3 22	3 29	. .	. .	. .	. .	. .	. .	. .	. .	. .	46	440
48	3 16	3 23	3 31	3 39	3 47	3 55	3 63	. .	. .	. .	. .	. .	. .	. .	. .	48	436
50	3 39	3 47	3 55	3 64	3 72	3 81	3 89	. .	. .	. .	. .	. .	. .	. .	. .	50	431
52	3 63	3 72	3 81	3 90	3 99	4 08	4 17	4 26	. .	. .	. .	. .	. .	. .	. .	52	427
54	3 88	3 97	4 07	4 17	4 26	4 36	4 46	4 55	. .	. .	. .	. .	. .	. .	. .	54	423
56	4 13	4 23	4 33	4 44	4 54	4 64	4 75	4 85	. .	. .	. .	. .	. .	. .	. .	56	419
58	4 38	4 48	4 59	4 70	4 81	4 92	5 03	5 14	5 25	. .	. .	. .	. .	. .	. .	58	414
60	4 64	4 75	4 87	4 98	5 10	5 22	5 33	5 45	5 56	. .	. .	. .	. .	. .	. .	60	410
62	4 90	5 03	5 15	5 27	5 39	5 52	5 64	5 76	5 88	6 01	. .	. .	. .	. .	. .	62	406
64	5 16	5 29	5 42	5 55	5 68	5 81	5 93	6 06	6 19	6 32	. .	. .	. .	. .	. .	64	401
66	5 43	5 57	5 70	5 84	5 98	6 11	6 25	6 38	6 52	6 66	6 79	. .	. .	. .	. .	66	397
68	5 71	5 85	5 99	6 14	6 28	6 42	6 57	6 71	6 85	6 99	7 14	. .	. .	. .	. .	68	393
70	5 97	6 12	6 27	6 42	6 57	6 72	6 87	7 02	7 17	7 32	7 47	. .	. .	. .	. .	70	388
72	6 25	6 41	6 57	6 72	6 88	7 04	7 19	7 35	7 50	7 66	7 82	7 97	. .	. .	. .	72	384
74	6 54	6 70	6 86	7 03	7 19	7 35	7 52	7 68	7 84	8 01	8 17	8 34	. .	. .	. .	74	380
76	6 82	6 99	7 16	7 33	7 51	7 68	7 85	8 02	8 19	8 36	8 53	8 70	. .	. .	. .	76	376
78	7 13	7 31	7 49	7 66	7 84	8 02	8 20	8 38	8 56	8 73	8 91	9 09	9 27	. .	. .	78	373
80	7 44	7 62	7 81	8 00	8 18	8 37	8 56	8 74	8 93	9 11	9 30	9 49	9 67	. .	. .	80	370
82	7 75	7 95	8 14	8 33	8 53	8 72	8 92	9 11	9 30	9 50	9 69	9 88	10 08	. .	. .	82	367
84	8 09	8 29	8 50	8 70	8 90	9 10	9 30	9 51	9 71	9 91	10 11	10 32	10 52	10 72	. .	84	365
86	8 43	8 65	8 86	9 07	9 28	9 49	9 70	9 91	10 12	10 33	10 54	10 75	10 96	11 18	. .	86	363
88	8 78	9 00	9 22	9 44	9 66	9 88	10 10	10 32	10 54	10 76	10 98	11 20	11 42	11 64	. .	88	361
90	9 15	9 38	9 61	9 83	10 06	10 29	10 52	10 75	10 98	11 21	11 44	11 66	11 89	12 12	. .	90	359,5
92	9 52	9 76	10 00	10 23	10 47	10 71	10 95	11 19	11 42	11 66	11 90	12 14	12 38	12 61	12 85	92	358
94	9 90	10 14	10 39	10 64	10 89	11 13	11 38	11 63	11 88	12 12	12 37	12 62	12 86	13 11	13 36	94	356,5
96	10 28	10 54	10 79	11 05	11 31	11 56	11 82	12 08	12 33	12 59	12 85	13 10	13 36	13 62	13 88	96	355
98	10 68	10 95	11 21	11 48	11 75	12 02	12 28	12 55	12 82	13 08	13 35	13 62	13 89	14 15	14 42	98	354
100	11 11	11 38	11 66	11 94	12 22	12 49	12 77	13 05	13 33	13 60	13 88	14 16	14 44	14 71	14 99	100	353,5
102	11 54	11 83	12 11	12 40	12 69	12 98	13 27	13 56	13 85	14 13	14 42	14 71	15 00	15 29	15 58	102	353
104	11 99	12 29	12 59	12 89	13 19	13 49	13 79	14 09	14 39	14 69	14 99	15 29	15 59	15 89	16 19	104	353
106	12 46	12 77	13 08	13 40	13 71	14 02	14 33	14 64	14 95	15 26	15 58	15 89	16 20	16 51	16 82	106	353
108	12 94	13 26	13 58	13 91	14 23	14 55	14 87	15 20	15 52	15 85	16 17	16 49	16 82	17 14	17 46	108	353
110	13 42	13 75	14 09	14 43	14 76	15 10	15 43	15 77	16 10	16 44	16 77	17 11	17 44	17 78	18 12	110	353
112	13 91	14 26	14 61	14 95	15 30	15 65	16 00	16 35	16 69	17 04	17 39	17 74	18 08	18 43	18 78	112	353
114	. .	14 77	15 13	15 49	15 85	16 21	16 57	16 93	17 29	17 66	18 02	18 38	18 74	19 10	19 46	114	353
116	. .	. .	15 67	16 04	16 41	16 79	17 16	17 53	17 91	18 28	18 65	19 03	19 40	19 77	20 15	116	353
118	. .	. .	. .	. .	16 99	17 37	17 76	18 14	18 53	18 92	19 30	19 69	20 07	20 46	20 85	118	353
120	. .	. .	. .	. .	17 57	17 97	18 36	18 76	19 16	19 56	19 96	20 36	20 76	21 16	21 56	120	353
Höhe in Metern	40	41	42	43	44	45	46	47	48	49	50	51	52	53	54	Höhe in Metern	

Massentafel für angehend haubare Fichten von 60 bis 90 Jahr.

Durchm. bei 1,3 M. Höhe Cent.	Höhe des Baumes in Metern: 6	7	8	9	10	11	12	13	14	15	16	17	18	19	20	21	22	23	24	25	26	27	28	29	30	31	32	33	34	35	Durchm. bei 1,3 M. Höhe Cent.
	Kubischer Inhalt des Schaftes ohne Aeste in Festmetern und 0,01:																														
8	.02	.02	.02	.02	.03	.03	.03	.04	.04	.04	.04	.05	.	.	.	.	.	.	.	.	.	.	.	.	.	.	.	.	.	.	8
10	.03	.03	.03	.04	.04	.05	.05	.05	.06	.06	.07	.07	.08	.08	.08	.	.	.	.	.	.	.	.	.	.	.	.	.	.	.	10
12	.04	.04	.05	.05	.06	.07	.07	.08	.08	.09	.10	.10	.11	.11	.12	.12	.13	.	.	.	.	.	.	.	.	.	.	.	.	.	12
14	.05	.05	.06	.07	.08	.09	.09	.10	.11	.12	.13	.14	.14	.15	.16	.17	.18	.18	.19	.	.	.	.	.	.	.	.	.	.	.	14
16	.06	.07	.08	.09	.10	.11	.12	.13	.14	.15	.16	.17	.19	.20	.21	.22	.23	.24	.25	.26	.27	.	.	.	.	.	.	.	.	.	16
18	.07	.09	.10	.11	.12	.14	.15	.16	.18	.19	.20	.22	.23	.25	.26	.27	.28	.30	.31	.32	.34	.35	.	.	.	.	.	.	.	.	18
20	.	.10	.12	.13	.15	.17	.18	.20	.21	.23	.25	.27	.28	.30	.32	.33	.35	.36	.38	.39	.41	.43	.44	.	.	.	.	.	.	.	20
22	.	.12	.14	.16	.18	.20	.21	.23	.25	.28	.30	.32	.34	.36	.38	.40	.42	.43	.45	.47	.49	.51	.53	.55	.	.	.	.	.	.	22
24	.	.14	.16	.18	.20	.23	.25	.27	.30	.32	.35	.37	.40	.42	.44	.47	.49	.51	.53	.56	.58	.60	.62	.64	.67	.	.	.	.	.	24
26	.	.	.18	.21	.23	.26	.29	.31	.34	.37	.40	.43	.46	.49	.52	.54	.57	.59	.62	.64	.67	.70	.72	.75	.77	.80	.	.	.	.	26
28	.	.	.21	.23	.26	.29	.32	.36	.39	.42	.46	.49	.53	.56	.59	.62	.65	.68	.71	.74	.77	.80	.83	.86	.89	.92	.95	.98	.	.	28
30	.	.	.	.26	.29	.33	.36	.40	.44	.48	.52	.56	.60	.64	.67	.70	.74	.77	.80	.84	.87	.90	.94	.97	1 01	1 04	1 07	1 11	1 14	1 17	30
32	.	.	.	.	.32	.36	.40	.44	.49	.53	.58	.62	.67	.72	.75	.79	.83	.87	.90	.94	.98	1 02	1 05	1 09	1 13	1 17	1 20	1 24	1 28	1 32	32
34	.	.	.	.	.	.40	.44	.49	.54	.59	.64	.69	.75	.80	.84	.88	.92	.96	1 01	1 05	1 09	1 13	1 17	1 22	1 26	1 30	1 34	1 38	1 43	1 47	34
36	.	.	.	.	.	.	.48	.54	.59	.65	.71	.76	.82	.88	.93	.98	1 02	1 07	1 12	1 16	1 21	1 26	1 30	1 35	1 40	1 44	1 49	1 54	1 58	1 63	36
38	.	.	.	.	.	.	.	.58	.64	.71	.77	.84	.91	.97	1 02	1 07	1 13	1 18	1 23	1 28	1 33	1 38	1 43	1 48	1 53	1 59	1 64	1 69	1 74	1 79	38
40	.	.	.	.	.	.	.	.	.70	.77	.84	.92	.99	1 06	1 12	1 17	1 23	1 29	1 34	1 40	1 45	1 51	1 57	1 62	1 68	1 73	1 79	1 85	1 90	1 96	40
42	.	.	.	.	.	.	.	.	.	.83	.91	.99	1 07	1 16	1 22	1 28	1 34	1 40	1 46	1 52	1 58	1 65	1 71	1 77	1 83	1 89	1 95	2 01	2 07	2 13	42
44	.	.	.	.	.	.	.	.	.	.	.98	1 07	1 16	1 25	1 32	1 39	1 45	1 52	1 58	1 65	1 72	1 78	1 85	1 91	1 98	2 05	2 11	2 18	2 24	2 31	44
46	.	.	.	.	.	.	.	.	.	.	.	.	.	1 35	1 42	1 49	1 56	1 64	1 71	1 78	1 85	1 92	1 99	2 06	2 13	2 21	2 28	2 35	2 42	2 49	46
48	.	.	.	.	.	.	.	.	.	.	.	.	.	1 45	1 53	1 60	1 68	1 76	1 83	1 91	1 99	2 06	2 14	2 21	2 29	2 37	2 44	2 52	2 60	2 67	48
50	.	.	.	.	.	.	.	.	.	.	.	.	.	1 55	1 63	1 72	1 80	1 88	1 96	2 04	2 12	2 21	2 29	2 37	2 45	2 53	2 61	2 70	2 78	2 86	50
52	.	.	.	.	.	.	.	.	.	.	.	.	.	1 66	1 75	1 83	1 92	2 01	2 09	2 18	2 27	2 36	2 44	2 53	2 62	2 71	2 79	2 88	2 97	3 06	52
54	.	.	.	.	.	.	.	.	.	.	.	.	.	1 76	1 86	1 95	2 04	2 13	2 23	2 32	2 41	2 50	2 60	2 69	2 78	2 88	2 97	3 06	3 15	3 25	54
56	.	.	.	.	.	.	.	.	.	.	.	.	.	1 87	1 97	2 07	2 17	2 27	2 36	2 46	2 56	2 66	2 76	2 86	2 96	3 05	3 15	3 25	3 35	3 45	56
58	.	.	.	.	.	.	.	.	.	.	.	.	.	.	2 08	2 19	2 29	2 39	2 50	2 60	2 71	2 81	2 91	3 02	3 12	3 23	3 33	3 44	3 54	3 64	58
60	.	.	.	.	.	.	.	.	.	.	.	.	.	.	2 19	2 30	2 41	2 52	2 63	2 74	2 85	2 96	3 07	3 18	3 29	3 40	3 51	3 62	3 73	3 84	60
Höhe	6	7	8	9	10	11	12	13	14	15	16	17	18	19	20	21	22	23	24	25	26	27	28	29	30	31	32	33	34	35	Höhe

36	
32	1,35
34	1,51
36	1,67
38	1,84
40	2,01
42	2,19
44	2,38
46	2,56
48	2,75
50	2,94
52	3,14
54	3,34
56	3,55
58	3,75
60	3,95

37	
32	1,39
34	1,55
36	1,72
38	1,89
40	2,07
42	2,26
44	2,44
46	2,63
48	2,83
50	3,02
52	3,23
54	3,43
56	3,65
58	3,85
60	4,06

Schaftformzahlen,

welche bei Berechnung der Massentafel für angehend haubare Fichten angewandt sind.

Höhe d. Baumes in Metern.	8	10	12	14	16	18	20	22	24	26	28	30	32	34	36	38	40	42	44	46	48	50	52	54	56	58	60	Höhe d. Baumes in Metern.
	Durchmesser bei 1,3 Meter Höhe in Centimetern: 0,001:																											
6	552	538	524	510	495	481	.	.	.	.	.	.	.	.	.	.	.	.	.	.	.	.	.	.	.	.	.	6
7	551	538	524	510	496	482	469	455	441	.	.	.	.	.	.	.	.	.	.	.	.	.	.	.	.	.	.	7
8	550	537	524	511	497	484	471	457	444	431	417	.	.	.	.	.	.	.	.	.	.	.	.	.	.	.	.	8
9	549	537	524	511	498	486	473	460	448	435	422	410	.	.	.	.	.	.	.	.	.	.	.	.	.	.	.	9
10	548	536	524	512	500	488	476	464	452	440	428	416	403	.	.	.	.	.	.	.	.	.	.	.	.	.	.	10
11	547	535	524	513	501	490	479	467	456	445	433	422	410	399	.		.	.	.	.	.	.	.	.	.	.	.	11
12	546	535	524	514	503	492	482	471	460	450	439	428	418	407	396	.	.	.	.	.	.	.	.	.	.	.	.	12
13	544	534	524	514	505	495	485	475	465	455	445	435	425	415	405	396	.	.	.	.	.	.	.	.	.	.	.	13
14	543	534	524	515	506	497	488	479	470	460	451	442	433	424	415	406	396	.	.	.	.	.	.	.	.	.	.	14
15	541	533	525	516	508	499	491	483	474	466	458	449	441	433	424	416	407	399	.	.	.	.	.	.	.		.	15
16	540	532	525	517	510	502	494	487	479	472	464	457	449	441	434	426	419	411	404	.	.	.	.	.	.	.	.	16
17	539	532	525	518	511	504	497	490	484	477	470	463	456	449	442	435	429	422	415	408	401	.	.	.	.	.	.	17
18	.	531	525	519	513	506	500	494	488	481	475	469	462	456	450	444	437	431	425	419	412	406	400	.	.	.		18
19 bis 37	.	531	525	519	514	508	502	497	491	485	480	474	468	462	457	451	445	440	434	428	422	416	411	405	400	394	388	19 bis 37

Tannen ohne Aeste

a) haubare, über 90 Jahr,

b) angehend haubare, von 60 bis 90 Jahr.

Massentafel für haubare Tannen über 90 Jahr.

Durchmesser bei 1,3 Meter Höhe. Cent.	Höhe des Baumes in Metern: 9	10	11	12	13	14	15	16	17	18	19	20	21	22	23	24	Durchmesser bei 1,3 Meter Höhe. Cent.	Schaftformzahl. 0,001
	Kubischer Inhalt des Schaftes ohne Aeste in Festmetern und 0,01:																	
10	.04	.05	.05	.06	.06	.06	.	.	.	.	.	.	.	.	.	.	10	584
12	.06	.07	.07	.08	.09	.09	.10	.10	.11	.	.	.	.	.	.	.	12	579
14	.08	.09	.10	.11	.11	.12	.13	.14	.15	.16	.17	.18	.	.	.	.	14	574
16	.10	.11	.13	.14	.15	.16	.17	.18	.19	.21	.22	.23	.24	.25	.	.	16	569
18	.13	.14	.16	.17	.19	.20	.22	.23	.24	.26	.27	.29	.30	.32	.33	.34	18	564
20	.16	.18	.19	.21	.23	.25	.26	.28	.30	.32	.33	.35	.37	.39	.40	.42	20	559
22	.19	.21	.23	.25	.27	.29	.32	.34	.36	.38	.40	.42	.44	.46	.48	.51	22	554
24	.22	.25	.27	.30	.32	.35	.37	.40	.42	.45	.47	.50	.52	.55	.57	.60	24	549
26	.26	.29	.32	.35	.38	.40	.43	.46	.49	.52	.55	.58	.61	.64	.66	.69	26	544
28	.30	.33	.37	.40	.43	.46	.50	.53	.56	.60	.63	.66	.70	.73	.76	.80	28	539
30	.	.38	.42	.45	.49	.53	.57	.60	.64	.68	.72	.75	.79	.83	.87	.91	30	534
32	.	.43	.47	.51	.55	.60	.64	.68	.72	.77	.81	.85	.89	.94	.98	1.02	32	529
34	.	.48	.52	.57	.62	.67	.71	.76	.81	.86	.90	.95	1.00	1.05	1.09	1.14	34	524
36	.	.	.58	.63	.69	.74	.79	.85	.90	.95	1.00	1.06	1.11	1.16	1.22	1.27	36	519
38	.	.	.64	.70	.76	.82	.87	.93	.99	1.05	1.11	1.17	1.22	1.28	1.34	1.40	38	514
40	.	.	.70	.77	.83	.90	.96	1.02	1.09	1.15	1.22	1.28	1.34	1.41	1.47	1.54	40	509
42	.	.	.	.84	.91	.98	1.05	1.12	1.19	1.26	1.33	1.40	1.47	1.54	1.61	1.68	42	504
44	.	.	.	.91	.99	1.06	1.14	1.21	1.29	1.37	1.44	1.52	1.59	1.67	1.75	1.82	44	499
46	.	.	.	.	1.07	1.15	1.23	1.31	1.40	1.48	1.56	1.64	1.72	1.81	1.89	1.97	46	494
48	.	.	.	.	1.15	1.24	1.33	1.42	1.50	1.59	1.68	1.77	1.86	1.95	2.04	2.12	48	489
50	.	.	.	.	.	1.33	1.43	1.52	1.62	1.71	1.81	1.90	2.00	2.09	2.19	2.28	50	484
52	.	.	.	.	.	1.42	1.53	1.63	1.73	1.83	1.93	2.03	2.14	2.24	2.34	2.44	52	479
54	.	.	.	.	.	.	1.63	1.74	1.85	1.95	2.06	2.17	2.28	2.39	2.50	2.61	54	474
56	.	.	.	.	.	.	1.74	1.85	1.97	2.08	2.20	2.32	2.43	2.55	2.66	2.78	56	470
58	.	.	.	.	.	.	.	1.97	2.09	2.22	2.34	2.46	2.59	2.71	2.83	2.95	58	466
60	.	.	.	.	.	.	.	2.09	2.22	2.35	2.48	2.61	2.74	2.87	3.00	3.14	60	462
62	.	.	.	.	.	.	.	.	2.35	2.49	2.63	2.77	2.90	3.04	3.18	3.32	62	458
64	.	.	.	.	.	.	.	.	.	2.63	2.77	2.92	3.07	3.21	3.36	3.51	64	454
66	.	.	.	.	.	.	.	.	.	.	2.93	3.08	3.23	3.39	3.54	3.69	66	450
68	.	.	.	.	.	.	.	.	.	.	.	3.25	3.41	3.57	3.73	3.90	68	447
70	.	.	.	.	.	.	.	.	.	.	.	.	3.58	3.75	3.92	4.09	70	443
72	.	.	.	.	.	.	.	.	.	.	.	.	.	3.94	4.12	4.30	72	440
74	.	.	.	.	.	.	.	.	.	.	.	.	.	4.13	4.31	4.50	74	436
76	.	.	.	.	.	.	.	.	.	.	.	.	.	.	4.52	4.71	76	433
78	.	.	.	.	.	.	.	.	.	.	.	.	.	.	4.73	4.93	78	430
80	.	.	.	.	.	.	.	.	.	.	.	.	.	.	.	5.15	80	427
82	.	.	.	.	.	.	.	.	.	.	.	.	.	.	.	5.37	82	424
Höhe in Metern	9	10	11	12	13	14	15	16	17	18	19	20	21	22	23	24	Höhe in Metern	

Massentafel für haubare Tannen über 90 Jahr.

Durchmesser bei 1,3 Meter Höhe. Cent.	Höhe des Baumes in Metern: 25	26	27	28	29	30	31	32	33	34	35	36	37	38	39	Durchmesser bei 1,3 Meter Höhe. Cent.	Schaftformzahl. 0,001
	Kubischer Inhalt des Schaftes ohne Aeste in Festmetern und 0,01:																
24	. 62	. 65	. 67	. 70	. .	. .	. .	. .	. .	. .	. .	. .	. .	. .	. .	24	549
26	. 72	. 75	. 78	. 81	. 84	. .	. .	. .	. .	. .	. .	. .	. .	. .	. .	26	544
28	. 83	. 86	. 90	. 93	. 96	1 00	. .	. .	. .	. .	. .	. .	. .	. .	. .	28	539
30	. 94	. 98	1 02	1 06	1 09	1 13	1 17	. .	. .	. .	. .	. .	. .	. .	. .	30	534
32	1 06	1 11	1 15	1 19	1 23	1 28	1 32	1 36	. .	. .	. .	. .	. .	. .	. .	32	529
34	1 19	1 24	1 28	1 33	1 38	1 43	1 47	1 52	1 57	1 62	. .	. .	. .	. .	. .	34	524
36	1 32	1 37	1 43	1 48	1 53	1 58	1 64	1 69	1 74	1 80	1 85	1 90	. .	. .	. .	36	519
38	1 46	1 52	1 57	1 63	1 69	1 75	1 81	1 87	1 92	1 98	2 04	2 10	. .	. .	. .	38	514
40	1 60	1 66	1 73	1 79	1 85	1 92	1 98	2 05	2 11	2 17	2 24	2 30	2 37	. .	. .	40	509
42	1 75	1 82	1 89	1 96	2 02	2 09	2 16	2 23	2 30	2 37	2 44	2 51	2 58	2 65	. .	42	504
44	1 90	1 97	2 05	2 12	2 20	2 28	2 35	2 43	2 50	2 58	2 66	2 73	2 81	2 88	2 96	44	499
46	2 05	2 13	2 22	2 30	2 38	2 46	2 54	2 63	2 71	2 79	2 87	2 96	3 04	3 12	3 20	46	494
48	2 21	2 30	2 39	2 48	2 57	2 65	2 74	2 83	2 92	3 01	3 10	3 19	3 27	3 36	3 45	48	489
50	2 38	2 47	2 57	2 66	2 76	2 85	2 95	3 04	3 14	3 23	3 33	3 42	3 52	3 61	3 71	50	484
52	2 54	2 64	2 75	2 85	2 95	3 05	3 15	3 26	3 36	3 46	3 56	3 66	3 76	3 87	3 97	52	479
54	2 71	2 82	2 93	3 04	3 15	3 26	3 37	3 47	3 58	3 69	3 80	3 91	4 02	4 13	4 23	54	474
56	2 89	3 01	3 13	3 24	3 36	3 47	3 59	3 70	3 82	3 94	4 05	4 17	4 28	4 40	4 51	56	470
58	3 08	3 20	3 32	3 45	3 57	3 69	3 82	3 94	4 06	4 19	4 31	4 43	4 56	4 68	4 80	58	466
60	3 27	3 40	3 53	3 66	3 79	3 92	4 05	4 18	4 31	4 44	4 57	4 70	4 83	4 96	5 09	60	462
62	3 46	3 60	3 73	3 87	4 01	4 15	4 29	4 42	4 56	4 70	4 84	4 98	5 12	5 25	5 39	62	458
64	3 65	3 80	3 94	4 09	4 24	4 38	4 53	4 67	4 82	4 97	5 11	5 26	5 40	5 55	5 70	64	454
66	3 85	4 00	4 16	4 31	4 46	4 62	4 77	4 93	5 08	5 23	5 39	5 54	5 70	5 85	6 00	66	450
68	4 06	4 22	4 38	4 55	4 71	4 87	5 03	5 19	5 36	5 52	5 68	5 84	6 01	6 17	6 33	68	447
70	4 26	4 43	4 60	4 77	4 94	5 11	5 29	5 46	5 63	5 80	5 97	6 14	6 31	6 48	6 65	70	443
72	4 48	4 66	4 84	5 02	5 20	5 37	5 55	5 73	5 91	6 09	6 27	6 45	6 63	6 81	6 99	72	440
74	4 69	4 88	5 06	5 25	5 44	5 63	5 81	6 00	6 19	6 38	6 56	6 75	6 94	7 13	7 31	74	436
76	4 91	5 11	5 30	5 50	5 70	5 89	6 09	6 29	6 48	6 68	6 88	7 07	7 27	7 46	7 66	76	433
78	5 14	5 34	5 55	5 75	5 96	6 16	6 37	6 58	6 78	6 99	7 19	7 40	7 60	7 81	8 01	78	430
80	5 37	5 58	5 80	6 01	6 22	6 44	6 65	6 87	7 08	7 30	7 51	7 73	7 94	8 16	8 37	80	427
82	5 60	5 82	6 05	6 27	6 49	6 72	6 94	7 17	7 39	7 61	7 84	8 06	8 28	8 51	8 73	82	424
84	5 83	6 07	6 30	6 53	6 77	7 00	7 23	7 47	7 70	7 93	8 17	8 40	8 63	8 87	9 10	84	421
86	6 07	6 31	6 56	6 80	7 05	7 28	7 53	7 77	8 01	8 26	8 50	8 74	8 98	9 23	9 47	86	418
88	. .	6 56	6 82	7 07	7 32	7 57	7 82	8 08	8 33	8 58	8 83	9 09	9 34	9 59	9 84	88	415
90	. .	6 81	7 08	7 34	7 60	7 86	8 13	8 39	8 65	8 91	9 17	9 44	9 70	9 96	10 22	90	412
92	. .	. .	7 35	7 62	7 89	8 17	8 44	8 71	8 98	9 26	9 53	9 80	10 07	10 34	10 62	92	409,5
94	. .	. .	7 63	7 91	8 19	8 47	8 76	9 04	9 32	9 60	9 89	10 17	10 45	10 73	11 02	94	407
96	. .	. .	. .	8 20	8 49	8 78	9 08	9 37	9 66	9 95	10 25	10 54	10 83	11 13	11 42	96	404,5
98	. .	. .	. .	. .	8 79	9 10	9 40	9 70	10 01	10 31	10 61	10 92	11 22	11 52	11 83	98	402
100	. .	. .	. .	. .	. .	9 42	9 74	10 05	10 37	10 68	11 00	11 31	11 62	11 94	12 25	100	400
102	. .	. .	. .	. .	. .	. .	10 08	10 41	10 73	11 06	11 38	11 71	12 03	12 36	12 68	102	398
104	. .	. .	. .	. .	. .	. .	. .	10 76	11 10	11 44	11 77	12 11	12 45	12 78	13 12	104	396
106	. .	. .	. .	. .	. .	. .	. .	. .	11 47	11 82	12 17	12 52	12 86	13 21	13 56	106	394
108	. .	. .	. .	. .	. .	. .	. .	. .	. .	12 21	12 57	12 93	13 29	13 65	14 01	108	392
110	. .	. .	. .	. .	. .	. .	. .	. .	. .	. .	12 97	13 34	13 71	14 08	14 45	110	390
112	. .	. .	. .	. .	. .	. .	. .	. .	. .	. .	. .	13 76	14 14	14 53	14 91	112	388
114	. .	. .	. .	. .	. .	. .	. .	. .	. .	. .	. .	. .	14 58	14 97	15 37	114	386
116	. .	. .	. .	. .	. .	. .	. .	. .	. .	. .	. .	. .	15 04	15 44	15 85	116	384,5
Höhe in Metern	25	26	27	28	29	30	31	32	33	34	35	36	37	38	39	Höhe in Metern	

Massentafel für haubare Tannen über 90 Jahr.

Durchmesser bei 1,3 Meter Höhe. Cent.	Höhe des Baumes in Metern: Kubischer Inhalt des Schaftes ohne Aeste in Festmetern und 0,01: 40	41	42	43	44	45	46	47	48	49	50	51	52	53	54	Durchmesser bei 1,3 Meter Höhe. Cent.	Schaftformzahl. 0,001
46	3 28	. .	. .	. .	. .	. .	. .	. .	. .	. .	. .	. .	. .	. .	. .	46	494
48	3 54	3 63	. .	. .	. .	. .	. .	. .	. .	. .	. .	. .	. .	. .	. .	48	489
50	3 80	3 90	3 99	. .	. .	. .	. .	. .	. .	. .	. .	. .	. .	. .	. .	50	484
52	4 07	4 17	4 27	4 37	. .	. .	. .	. .	. .	. .	. .	. .	. .	. .	. .	52	479
54	4 34	4 45	4 56	4 67	4 78	. .	. .	. .	. .	. .	. .	. .	. .	. .	. .	54	474
56	4 63	4 75	4 86	4 98	5 09	. .	. .	. .	. .	. .	. .	. .	. .	. .	. .	56	470
58	4 92	5 05	5 17	5 29	5 42	5 54	. .	. .	. .	. .	. .	. .	. .	. .	. .	58	466
60	5 23	5 36	5 49	5 62	5 75	5 88	. .	. .	. .	. .	. .	. .	. .	. .	. .	60	462
62	5 53	5 67	5 81	5 95	6 08	6 22	6 36	. .	. .	. .	. .	. .	. .	. .	. .	62	458
64	5 84	5 99	6 13	6 28	6 43	6 57	6 72	. .	. .	. .	. .	. .	. .	. .	. .	64	454
66	6 16	6 31	6 47	6 62	6 77	6 93	7 08	7 24	. .	. .	. .	. .	. .	. .	. .	66	450
68	6 49	6 66	6 82	6 98	7 14	7 31	7 47	7 63	. .	. .	. .	. .	. .	. .	. .	68	447
70	6 82	6 99	7 16	7 33	7 50	7 67	7 84	8 01	8 18	. .	. .	. .	. .	. .	. .	70	443
72	7 17	7 34	7 52	7 70	7 88	8 06	8 24	8 42	8 60	8 78	. .	. .	. .	. .	. .	72	440
74	7 50	7 69	7 88	8 06	8 25	8 44	8 63	8 81	9 00	9 19	. .	. .	. .	. .	. .	74	436
76	7 86	8 05	8 25	8 45	8 64	8 84	9 04	9 23	9 43	9 63	9 82	. .	. .	. .	. .	76	433
78	8 22	8 42	8 63	8 84	9 04	9 25	9 45	9 66	9 86	10 07	10 27	. .	. .	. .	. .	78	430
80	8 59	8 80	9 01	9 23	9 44	9 66	9 87	10 09	10 30	10 52	10 73	10 95	. .	. .	. .	80	427
82	8 96	9 18	9 40	9 63	9 85	10 08	10 30	10 52	10 75	10 97	11 20	11 42	. .	. .	. .	82	424
84	9 33	9 57	9 80	10 03	10 27	10 50	10 73	10 97	11 20	11 43	11 67	11 90	12 13	. .	. .	84	421
86	9 71	9 96	10 20	10 44	10 68	10 93	11 17	11 41	11 65	11 90	12 14	12 38	12 63	. .	. .	86	418
88	10 10	10 35	10 60	10 85	11 11	11 36	11 61	11 86	12 12	12 37	12 62	12 87	13 13	13 38	. .	88	415
90	10 48	10 75	11 01	11 27	11 53	11 79	12 06	12 32	12 58	12 84	13 11	13 37	13 63	13 89	. .	90	412
92	10 89	11 16	11 43	11 71	11 98	12 25	12 52	12 79	13 07	13 34	13 61	13 88	14 16	14 43	14 70	92	409,5
94	11 30	11 58	11 86	12 15	12 43	12 71	12 99	13 28	13 56	13 84	14 12	14 40	14 69	14 97	15 25	94	407
96	11 71	12 00	12 30	12 59	12 88	13 18	13 47	13 76	14 05	14 35	14 64	14 93	15 22	15 52	15 81	96	404,5
98	12 13	12 43	12 74	13 04	13 34	13 65	13 95	14 25	14 55	14 86	15 16	15 46	15 77	16 07	16 37	98	402
100	12 57	12 88	13 19	13 51	13 82	14 14	14 45	14 77	15 08	15 39	15 71	16 02	16 34	16 65	16 96	100	400
102	13 01	13 33	13 66	13 98	14 31	14 63	14 96	15 29	15 61	15 94	16 26	16 59	16 91	17 24	17 56	102	398
104	13 46	13 79	14 13	14 47	14 80	15 14	15 47	15 81	16 15	16 48	16 82	17 16	17 49	17 83	18 17	104	396
106	13 91	14 26	14 60	14 95	15 30	15 65	15 99	16 34	16 69	17 04	17 38	17 73	18 08	18 43	18 78	106	394
108	14 36	14 72	15 08	15 44	15 80	16 16	16 52	16 88	17 24	17 60	17 96	18 31	18 67	19 03	19 39	108	392
110	14 83	15 20	15 57	15 94	16 31	16 68	17 05	17 42	17 79	18 16	18 53	18 90	19 27	19 64	20 01	110	390
112	15 29	15 67	16 05	16 44	16 82	17 20	17 58	17 97	18 35	18 73	19 11	19 50	19 88	20 26	20 64	112	388
114	15 76	16 15	16 55	16 94	17 34	17 73	18 12	18 52	18 91	19 31	19 70	20 09	20 49	20 88	21 28	114	386
116	16 25	16 66	17 07	17 47	17 88	18 29	18 69	19 10	19 50	19 91	20 32	20 72	21 13	21 54	21 94	116	384,5
118	16 75	17 17	17 59	18 01	18 43	18 85	19 27	19 69	20 10	20 52	20 94	21 36	21 78	22 20	22 62	118	383
120	. .	. .	. .	18 55	18 98	19 42	19 85	20 28	20 71	21 14	21 57	22 00	22 44	22 87	23 30	120	381,5
Höhe in Metern	40	41	42	43	44	45	46	47	48	49	50	51	52	53	54	Höhe in Metern	

Massentafel für angehend haubare Tannen von 60 bis 90 Jahr.

Höhe des Baumes in Metern: / Kubischer Inhalt des Schaftes ohne Aeste in Festmetern und 0,01:

Durchm. bei 1,3 M. Höhe Cent.	6	7	8	9	10	11	12	13	14	15	16	17	18	19	20	21	22	23	24	25	26	27	28	29	30	31	32	33	34	Durchm. bei 1,3 M. Höhe Cent.	Schaftformzahl 0,001
8	.02	.02	.02	.03	.03	.03	.03	.04	.04	.04	.05	.	.	.	.	.	.	.	.	.	.	.	.	.	.	.	.	.	.	8	567
10	.03	.03	.04	.04	.04	.05	.05	.06	.06	.07	.07	.08	.08	.08	.	.	.	.	.	.	.	.	.	.	.	.	.	.	.	10	562
12	.04	.04	.05	.06	.06	.07	.08	.08	.09	.09	.10	.11	.11	.12	.13	.13	.	.	.	.	.	.	.	.	.	.	.	.	.	12	556
14	.05	.06	.07	.08	.08	.09	.10	.11	.12	.13	.14	.14	.15	.16	.17	.18	.19	.19	.	.	.	.	.	.	.	.	.	.	.	14	550
16	.07	.08	.09	.10	.11	.12	.13	.14	.15	.16	.18	.19	.20	.21	.22	.23	.24	.25	.26	.27	.28	.	.	.	.	.	.	.	.	16	545
18	.08	.10	.11	.12	.14	.15	.16	.18	.19	.21	.22	.23	.25	.26	.27	.29	.30	.32	.33	.34	.36	.37	.38	.	.	.	.	.	.	18	539
20	.10	.12	.13	.15	.17	.18	.20	.22	.23	.25	.27	.29	.30	.32	.34	.35	.37	.39	.40	.42	.44	.45	.47	.49	.50	.	.	.	.	20	534
22	.	.14	.16	.18	.20	.22	.24	.26	.28	.30	.32	.34	.36	.38	.40	.42	.44	.46	.48	.50	.52	.54	.56	.58	.60	.62	.64	.	.	22	528
24	.	.17	.19	.21	.24	.26	.28	.31	.33	.35	.38	.40	.43	.45	.47	.50	.52	.54	.57	.59	.61	.64	.66	.68	.71	.73	.76	.78	.80	24	522
26	.	.	.22	.25	.27	.30	.33	.36	.38	.41	.44	.47	.49	.52	.55	.58	.60	.63	.66	.69	.71	.74	.77	.80	.82	.85	.88	.91	.93	26	517
28	.	.	.	.28	.31	.35	.38	.41	.44	.47	.50	.53	.57	.60	.63	.66	.69	.72	.76	.79	.82	.85	.88	.91	.94	.98	1.01	1.04	1.07	28	511
30	.	.	.	.	.36	.39	.43	.46	.50	.54	.57	.61	.64	.68	.72	.75	.79	.82	.86	.90	.93	.97	1.00	1.04	1.07	1.11	1.14	1.18	1.22	30	506
32	.	.	.	.	.	.44	.48	.52	.56	.60	.64	.68	.72	.76	.80	.84	.88	.92	.97	1.01	1.05	1.09	1.13	1.17	1.21	1.25	1.29	1.33	1.37	32	500
34	.	.	.	.	.	.	.54	.58	.63	.67	.72	.76	.81	.85	.90	.94	.99	1.03	1.08	1.12	1.17	1.21	1.26	1.30	1.35	1.39	1.44	1.48	1.53	34	495
36	.	.	.	.	.	.	.	.65	.70	.75	.80	.85	.90	.95	1.00	1.05	1.10	1.14	1.19	1.24	1.29	1.34	1.39	1.44	1.49	1.54	1.59	1.64	1.69	36	489
38	.	.	.	.	.	.	.	.	.77	.82	.88	.93	.99	1.04	1.10	1.15	1.21	1.26	1.31	1.37	1.42	1.48	1.53	1.59	1.64	1.70	1.75	1.81	1.86	38	483
40	.	.	.	.	.	.	.	.	.	.90	.96	1.02	1.08	1.14	1.20	1.26	1.32	1.38	1.44	1.50	1.56	1.62	1.68	1.74	1.80	1.86	1.92	1.98	2.04	40	478
42	.	.	.	.	.	.	.	.	.	.	1.05	1.11	1.18	1.24	1.31	1.37	1.44	1.50	1.57	1.63	1.70	1.77	1.83	1.90	1.96	2.03	2.09	2.16	2.22	42	472
44	.	.	.	.	.	.	.	.	.	.	.	1.21	1.28	1.35	1.42	1.49	1.56	1.63	1.70	1.78	1.85	1.92	1.99	2.06	2.13	2.20	2.27	2.34	2.41	44	467
46	.	.	.	.	.	.	.	.	.	.	.	.	1.38	1.46	1.53	1.61	1.69	1.76	1.84	1.92	1.99	2.07	2.15	2.22	2.30	2.37	2.45	2.53	2.60	46	461
48	.	.	.	.	.	.	.	.	.	.	.	.	.	1.57	1.65	1.73	1.82	1.90	1.98	2.06	2.15	2.23	2.31	2.39	2.48	2.56	2.64	2.72	2.81	48	456
50	.	.	.	.	.	.	.	.	.	.	.	.	.	.	1.77	1.86	1.94	2.03	2.12	2.21	2.30	2.39	2.47	2.56	2.65	2.74	2.83	2.92	3.00	50	450
52	.	.	.	.	.	.	.	.	.	.	.	.	.	.	.	1.98	2.07	2.17	2.26	2.36	2.45	2.55	2.64	2.73	2.83	2.92	3.01	3.11	3.21	52	444
54	.	.	.	.	.	.	.	.	.	.	.	.	.	.	.	.	2.21	2.31	2.41	2.51	2.61	2.71	2.82	2.92	3.02	3.12	3.22	3.32	3.42	54	439
56	.	.	.	.	.	.	.	.	.	.	.	.	.	.	.	.	.	2.45	2.56	2.67	2.77	2.88	2.99	3.09	3.20	3.31	3.41	3.52	3.63	56	433
58	.	.	.	.	.	.	.	.	.	.	.	.	.	.	.	.	.	.	2.71	2.83	2.94	3.05	3.17	3.28	3.39	3.51	3.62	3.73	3.84	58	428
60	.	.	.	.	.	.	.	.	.	.	.	.	.	.	.	.	.	.	.	.	3.10	3.22	3.34	3.46	3.58	3.70	3.82	3.94	4.06	60	422
Höhe	6	7	8	9	10	11	12	13	14	15	16	17	18	19	20	21	22	23	24	25	26	27	28	29	30	31	32	33	34	Höhe in Met.	

Höhe 35: Durchm.	Inhalt	Höhe 36: Durchm.	Inhalt	Höhe 37: Durchm.	Inhalt
26	0,96	28	1,13	30	1,32
28	1,10	30	1,29	32	1,49
30	1,25	32	1,45	34	1,66
32	1,41	34	1,62	36	1,84
34	1,57	36	1,79	38	2,03
36	1,74	38	1,97	40	2,22
38	1,92	40	2,16	42	2,42
40	2,10	42	2,35	44	2,63
42	2,29	44	2,56	46	2,83
44	2,49	46	2,76	48	3,05
46	2,68	48	2,97	50	3,27
48	2,89	50	3,18	52	3,49
50	3,09	52	3,39	54	3,72
52	3,30	54	3,62	56	3,95
54	3,52	56	3,84	58	4,18
56	3,73	58	4,07	60	4,41
58	3,96	60	4,30		
60	4,18				

Lärchen ohne Aeste

a) haubare, über 90 Jahr,

b) angehend haubare, von 60 bis 90 Jahr.

Massentafel für haubare Lärchen über 90 Jahr.

Höhe des Baumes in Metern: Kubischer Inhalt des Schaftes ohne Aeste in Festmetern und 0,01:

Durchm. bei 1,3 M. Höhe Cent.	9	10	11	12	13	14	15	16	17	18	19	20	21	22	23
10	.04	.04	.05	.05	.05	.06	.06	.07	.07	.07	.08	.	.	.	.
12	.05	.06	.06	.07	.08	.08	.09	.09	.10	.10	.11	.12	.12	.	.
14	.07	.08	.09	.09	.10	.11	.12	.12	.13	.14	.15	.16	.16	.17	.18
16	.09	.10	.11	.12	.13	.14	.15	.16	.17	.18	.19	.20	.21	.22	.23
18	.11	.12	.14	.15	.16	.17	.19	.20	.21	.22	.24	.25	.26	.27	.29
20	.14	.15	.17	.18	.20	.21	.23	.24	.26	.27	.29	.30	.32	.33	.35
22	.16	.18	.20	.22	.23	.25	.27	.29	.31	.33	.34	.36	.38	.40	.42
24	.	.21	.23	.25	.27	.30	.32	.34	.36	.38	.40	.42	.44	.46	.49
26	.	.	.27	.29	.32	.34	.37	.39	.41	.44	.46	.49	.51	.54	.56
28	.	.	.31	.33	.36	.39	.42	.44	.47	.50	.53	.56	.58	.61	.64
30	.	.	.	.37	.41	.44	.47	.50	.53	.56	.59	.62	.66	.69	.72
32	.	.	.	.	.45	.49	.52	.56	.59	.63	.66	.70	.73	.77	.80
34	.	.	.	.	.	.54	.58	.62	.66	.70	.73	.77	.81	.85	.89
36	.	.	.	.	.	.	.64	.68	.72	.77	.81	.85	.89	.94	.98
38	.	.	.	.	.	.	.	.74	.79	.84	.88	.93	.98	1.02	1.07
40	.	.	.	.	.	.	.	.	.86	.91	.96	1.01	1.06	1.11	1.16
42	.	.	.	.	.	.	.	.	.	.98	1.04	1.09	1.15	1.20	1.26
44	.	.	.	.	.	.	.	.	.	.	1.12	1.17	1.23	1.29	1.35
46	.	.	.	.	.	.	.	.	.	.	1.19	1.26	1.32	1.38	1.44
48	.	.	.	.	.	.	.	.	.	.	.	1.34	1.41	1.47	1.54
50	.	.	.	.	.	.	.	.	.	.	.	1.42	1.49	1.56	1.63
52	.	.	.	.	.	.	.	.	.	.	.	.	1.58	1.65	1.73
54	.	.	.	.	.	.	.	.	.	.	.	.	1.66	1.74	1.82
56	.	.	.	.	.	.	.	.	.	.	.	.	1.75	1.83	1.91
58	.	.	.	.	.	.	.	.	.	.	.	.	.	1.92	2.01
60	.	.	.	.	.	.	.	.	.	.	.	.	.	2.00	2.09
Höhe	9	10	11	12	13	14	15	16	17	18	19	20	21	22	23

Durchm. bei 1,3 M. Höhe Cent.	24	25	26	27	28	29	30	31	32	33	34	35	36	37	Durchm. bei 1,3 M. Höhe Cent.	Schaftformzahl 0,001
10	.	.	.	.	.	.	.	.	.	.	.	.	.	.	10	523
12	.	.	.	.	.	.	.	.	.	.	.	.	.	.	12	515
14	.19	.	.	.	.	.	.	.	.	.	.	.	.	.	14	507
16	.24	.25	.26	.	.	.	.	.	.	.	.	.	.	.	16	499
18	.30	.31	.32	.34	.35	.	.	.	.	.	.	.	.	.	18	491
20	.36	.38	.39	.41	.42	.44	.	.	.	.	.	.	.	.	20	483
22	.43	.45	.47	.49	.51	.52	.54	.56	.	.	.	.	.	.	22	475
24	.51	.53	.55	.57	.59	.61	.63	.65	.68	.	.	.	.	.	24	467
26	.58	.61	.63	.66	.68	.71	.73	.76	.78	.80	.	.	.	.	26	459
28	.67	.69	.72	.75	.78	.81	.83	.86	.89	.92	.94	.	.	.	28	451
30	.75	.78	.81	.84	.87	.91	.94	.97	1.00	1.03	1.06	1.09	.	.	30	442
32	.84	.87	.91	.94	.98	1.01	1.05	1.08	1.12	1.15	1.19	1.22	1.26	.	32	434
34	.93	.97	1.01	1.04	1.08	1.12	1.16	1.20	1.24	1.28	1.32	1.35	1.39	1.43	34	426
36	1.02	1.06	1.11	1.15	1.19	1.23	1.28	1.32	1.36	1.40	1.45	1.49	1.53	1.57	36	418
38	1.12	1.16	1.21	1.26	1.30	1.35	1.39	1.44	1.49	1.53	1.58	1.63	1.67	1.72	38	410
40	1.21	1.26	1.31	1.36	1.41	1.46	1.52	1.57	1.62	1.67	1.72	1.77	1.82	1.87	40	402
42	1.31	1.36	1.42	1.47	1.53	1.58	1.64	1.69	1.75	1.80	1.86	1.91	1.97	2.02	42	394
44	1.41	1.47	1.53	1.58	1.64	1.70	1.76	1.82	1.88	1.94	2.00	2.05	2.11	2.17	44	386
46	1.51	1.57	1.63	1.70	1.76	1.82	1.88	1.95	2.01	2.07	2.14	2.20	2.26	2.32	46	378
48	1.61	1.67	1.74	1.80	1.87	1.94	2.01	2.08	2.14	2.21	2.28	2.34	2.41	2.48	48	370
50	1.71	1.78	1.85	1.92	1.99	2.06	2.13	2.20	2.27	2.35	2.42	2.49	2.56	2.63	50	362
52	1.80	1.88	1.95	2.03	2.11	2.18	2.26	2.33	2.41	2.48	2.56	2.63	2.71	2.78	52	354
54	1.90	1.98	2.06	2.14	2.22	2.30	2.38	2.46	2.54	2.61	2.69	2.77	2.85	2.93	54	346
56	2.00	2.08	2.16	2.25	2.33	2.41	2.50	2.58	2.66	2.75	2.83	2.91	3.00	3.08	56	338
58	2.09	2.18	2.27	2.35	2.44	2.53	2.62	2.70	2.79	2.88	2.96	3.05	3.14	3.23	58	330
60	2.19	2.28	2.37	2.46	2.55	2.64	2.73	2.82	2.91	3.00	3.10	3.19	3.28	3.37	60	322
Höhe	24	25	26	27	28	29	30	31	32	33	34	35	36	37	Höhe in Met.	

Durchm.	38	39	40
36	1,62	1,66	1,70
38	1,77	1,81	1,86
40	1,92	1,97	2,02
42	2,07	2,13	2,18
44	2,23	2,29	2,35
46	2,39	2,45	2,52
48	2,54	2,61	2,68
50	2,70	2,77	2,84
52	2,86	2,93	3,01
54	3,01	3,09	3,17
56	3,16	3,25	3,33
58	3,31	3,40	3,49
60	3,46	3,55	3,64

Massentafel für angehend haubare Lärchen von 60 bis 90 Jahr.

Durchmesser bei 1,3 Meter Höhe. Cent.	Höhe des Baumes in Metern: 6	7	8	9	10	11	12	13	14	15	16	17	18	19	20	21	22	23	24	25	26	27	28	Durchmesser bei 1,3 Meter Höhe. Cent.	Schaftformzahl. 0,001
	Kubischer Inhalt des Schaftes ohne Aeste in Festmetern und 0,01:																								
8	.01,5	.02	.02	.02	.02	.03	.03	.03	.03	.04	.04	.	.	.	.	.	.	.	.	.	.	.	.	8	492
10	.02	.03	.03	.03	.04	.04	.05	.05	.05	.06	.06	.06	.07	.	.	.	.	.	.	.	.	.	.	10	486
12	.03	.04	.04	.05	.05	.06	.06	.07	.08	.08	.09	.09	.10	.10	.11	.	.	.	.	.	.	.	.	12	481
14	.04	.05	.06	.07	.07	.08	.09	.10	.10	.11	.12	.12	.13	.14	.15	.15	.	.	.	.	.	.	.	14	476
16	.06	.07	.08	.09	.09	.10	.11	.12	.13	.14	.15	.16	.17	.18	.19	.20	.21	.	.	.	.	.	.	16	471
18	.07	.08	.09	.11	.12	.13	.14	.15	.17	.18	.19	.20	.21	.22	.24	.25	.26	.27	.	.	.	.	.	18	465
20	.	.10	.12	.13	.14	.16	.17	.19	.20	.22	.23	.25	.26	.27	.29	.30	.32	.33	.35	.	.	.	.	20	460
22	.	.	.14	.16	.17	.19	.21	.22	.24	.26	.28	.29	.31	.33	.35	.36	.38	.40	.42	.43	.	.	.	22	455
24	.	.	.	.18	.20	.22	.24	.26	.29	.31	.33	.35	.37	.39	.41	.43	.45	.47	.49	.51	.53	.	.	24	450
26	.	.	.	.	.24	.26	.28	.31	.33	.35	.38	.40	.42	.45	.47	.50	.52	.54	.57	.59	.61	.64	.	26	444
28	.	.	.	.	.	.30	.32	.35	.38	.41	.43	.46	.49	.51	.54	.57	.59	.62	.65	.68	.70	.73	.76	28	439
30	.	.	.	.	.	.	.37	.40	.43	.46	.49	.52	.55	.58	.61	.64	.67	.71	.74	.77	.80	.83	.86	30	434
32	.	.	.	.	.	.	.	.45	.48	.52	.55	.59	.62	.66	.69	.72	.76	.79	.83	.86	.90	.93	.97	32	429
34	.	.	.	.	.	.	.	.	.54	.58	.61	.65	.69	.73	.77	.81	.84	.88	.92	.96	1.00	1.04	1.08	34	423
*)																									

*) 36 Centimeter Durchmesser wie für haubare Lärchen.

Kreisflächen und Kreisumfänge der Durchmesser von 1 bis 150 Centimeter.

Durchmesser. Centim.	Kreisfläche. Quadrat-Meter.	Umfang. Centim.	Durchmesser. Centim.	Kreisfläche. Quadrat-Meter.	Umfang. Centim.	Durchmesser. Centim.	Kreisfläche. Quadrat-Meter.	Umfang. Centim.
1	0,0000.7854.0	3,1416	51	0,2042.8206.2	160,2212	101	0,8011.8466.6	317,3009
2	0,0003.1415.9	6,2832	52	0,2123.7166.3	163,3628	102	0,8171.2824.9	320,4425
3	0,0007.0685.8	9,4248	53	0,2206 1834.4	166,5044	103	0,8332.2891.2	323,5840
4	0,0012.5663.7	12,5664	54	0,2290.2210.4	169,6460	104	0,8494.8665.4	326,7256
5	0,0019.6349.5	15,7080	55	0,2375.8294.4	172,7876	105	0,8659.0147.5	329,8672
6	0,0028.2743.3	18,8496	56	0,2463.0086.4	175,9292	106	0,8824.7337.6	333,0088
7	0,0038.4845.1	21,9911	57	0,2551.7586.3	179,0708	107	0,8992.0235.7	336,1504
8	0,0050.2654.8	25,1327	58	0,2642.0794.2	182,2124	108	0,9160.8841.8	339,2920
9	0,0063 6172.5	28,2743	59	0,2733.9710.1	185,3540	109	0,9331.3155.8	342,4336
10	0,0078.5398.2	31,4159	60	0,2827.4333.9	188,4956	110	0,9503.3177.8	345,5752
11	0,0095.0331.8	34,5575	61	0,2922.4665.7	191,6372	111	0,9676.8907.7	348,7168
12	0,0113.0973.4	37,6991	62	0,3019.0705.4	194,7787	112	0,9852.0345.6	351,8584
13	0,0132.7322.9	40,8407	63	0,3117.2453.1	197,9203	113	1,0028.7491.5	355,0000
14	0,0153.9380.4	43,9823	64	0,3216.9908.8	201,0619	114	1,0207.0345.3	358,1416
15	0,0176.7145.9	47,1239	65	0,3318.3072.4	204,2035	115	1,0386.8907.1	361,2832
16	0,0201.0619.3	50,2655	66	0,3421.1944.0	207,3451	116	1,0568.3176.9	364,4247
17	0,0226.9800.7	53,4071	67	0,3525.6523.6	210,4867	117	1,0751.3154.6	367,5663
18	0,0254.4690.0	56,5487	68	0,3631.6811.1	213,6283	118	1,0935.8840.3	370,7079
19	0,0283.5287.4	59,6903	69	0,3739.2806.6	216,7699	119	1,1122.0233.9	373,8495
20	0,0314.1592.7	62,8319	70	0,3848.4510.0	219,9115	120	1,1309.7335.5	376,9911
21	0,0346.3605.9	65,9734	71	0,3959.1921.4	223,0531	121	1,1499.0145.1	380,1327
22	0,0380.1327.1	69,1150	72	0,4071.5040.8	226,1947	122	1,1689.8662.6	383,2743
23	0,0415.4756.3	72,2566	73	0,4185.3868.1	229,3363	123	1,1882.2888.1	386,4159
24	0,0452.3893.4	75,3982	74	0,4300.8403.4	232,4779	124	1,2076.2821.6	389,5575
25	0,0490.8738.5	78,5398	75	0,4417.8646.7	235,6195	125	1,2271.8463.0	392,6991
26	0,0530.9291.6	81,6814	76	0,4536.4597.9	238,7610	126	1,2468.9812.4	395,8407
27	0,0572.5552.6	84,8230	77	0,4656.6257.1	241,9026	127	1,2667.6869.8	398,9823
28	0,0615.7521.6	87,9646	78	0,4778.3624.3	245,0442	128	1,2867.9635.1	402,1239
29	0,0660.5198.6	91,1062	79	0,4901.6699.4	248,1858	129	1,3069.8108.4	405,2655
30	0,0706.8583.5	94,2478	80	0,5026.5482.5	251,3274	130	1,3273.2289.6	408,4070
31	0,0754.7676.4	97,3894	81	0,5152.9973.5	254,4690	131	1,3478.2178.8	411,5486
32	0,0804.2477.2	100,5310	82	0,5281.0172.5	257,6106	132	1,3684.7776.0	414,6902
33	0,0855.2986.0	103,6726	83	0,5410.6079.5	260,7522	133	1,3892.9081.1	417,8318
34	0,0907.9202.8	106,8142	84	0,5541.7694.4	263,8938	134	1,4102.6094.2	420,9734
35	0,0962.1127.5	109,9557	85	0,5674.5017.3	267,0354	135	1,4313.8815.3	424,1150
36	0,1017.8760.2	113,0973	86	0,5808.8048.2	270,1770	136	1,4526.7244.3	427,2566
37	0,1075.2100.9	116,2389	87	0,5944.6787.0	273,3186	137	1,4741.1381.3	430,3982
38	0,1134.1149.5	119,3805	88	0,6082.1233.8	276,4602	138	1,4957.1226.2	433,5398
39	0,1194.5906.1	122,5221	89	0,6221.1388.5	279,6017	139	1,5174.6779.2	436,6814
40	0,1256.6370.6	125,6637	90	0,6361.7251.2	282,7433	140	1,5393.8040.0	439,8230
41	0,1320.2543.1	128,8053	91	0,6503.8821.9	285,8849	141	1,5614.5008.9	442,9646
42	0,1385.4423.6	131,9469	92	0,6647.6100.5	289,0265	142	1,5836.7685.7	446,1062
43	0,1452.2012.0	135,0885	93	0,6792.9087.2	292,1681	143	1,6060.6070.4	449,2477
44	0,1520.5308.4	138,2301	94	0,6939.7781.7	295,3097	144	1,6286.0163.2	452,3893
45	0,1590.4312.8	141,3717	95	0,7088.2184.2	298,4513	145	1,6512.9963.9	455,5309
46	0,1661.9025.1	144,5133	96	0,7238.2294.7	301,5929	146	1,6741.5472.5	458,6725
47	0,1734.9445.4	147,6549	97	0,7389.8113.2	304,7345	147	1,6971.6689.1	461,8141
48	0,1809.5573.7	150,7964	98	0,7542.9639.6	307,8761	148	1,7203.3613.7	464,9557
49	0,1885.7409.9	153,9380	99	0,7697.6874.0	311,0177	149	1,7436.6246.3	468,0973
50	0,1963.4954.1	157,0796	100	0,7853.9816.3	314,1593	150	1,7671.4586.8	471,2389

Verlag von Julius Springer in Berlin N.

Die Preußischen Forst- und Jagdgesetze
mit Erläuterungen.

herausgegeben von

O. von Oehlschläger,
Wirklicher Geheimer Rath,
Präsident des Reichsgerichts

K. Frhr. von Bülow,
Reichsgerichtsrath

und

A. Bernhardt,
weil. Kgl. Preuß. Oberforstmeister und
Direktor der Forstakademie zu Münden

F. Sterneberg,
Wirklicher Geh. Ober-Regierungsrath
und Ministerialdirektor

Band I. Das Gesetz, betr. den **Forstdiebstahl**, vom 15. April 1878. Vierte, vermehrte Aufl. Kart. Preis M. 1,60.

Band II. Gesetze über I. **Die Verwaltung und Bewirthschaftung von Waldungen der Gemeinden und öffentlichen Anstalten**, sowie über II. **Schutzwaldungen und Waldgenossenschaften.** Kart. Preis M. 2,40.

Band III. **Das Feld- u. Forstpolizei-Gesetz**, vom 1. April 1880. Vierte vermehrte Auflage. Kart. Preis M. 2,—.

Ergänzungsband zu Band III.
Die zum **Feld- und Forstpolizei-Gesetz** vom 1. April 1880 erlassenen Polizeiverordnungen, zusammengestellt von F. Sterneberg. Kart. Preis M. 2,80.

Sammlung der Preußischen Forst- und Jagd-Gesetze
vom Jahre 1806 bis auf die neueste Zeit.
Mit Erläuterungen herausgegeben
von
Dr. P. Kohli.
1884. Kart. Preis M. 3,60.

Die Preußischen Jagdpolizeigesetze.
Von
F. Kunze,
Oberverwaltungsgerichtsrath.
Kart. Preis M. 2,—.

Das Jagdscheingesetz
vom 31. Juli 1895
nebst der ministeriellen Ausführungsverfügung
vom 2. August 1895,
erläutert und herausgegeben
von
G. Frhr. von Seherr-Thoß,
Geheimem Regierungsrath und vortragendem Rath im Ministerium für Landwirthschaft, Domänen und Forsten.
Zweite Auflage.
Kart. Preis M. 1,60.

Die Preußische Jagdgesetzgebung.
Bearbeitet von **R. Wagner,** Landgerichtsdirektor.
Zweite vollständig umgearbeitete Auflage.
Preis M. 5,—; geb. M. 6,—.

Die Befugniß der Jagdberechtigten
zur
Tödtung fremder Hunde und Katzen
in Preußen
von
Dr. J. Schumacher,
Amtsrichter und Professor der landwirthschaftlichen Akademie Poppelsdorf.
Zweite Auflage.
Preis M. 1,20.

Zu beziehen durch jede Buchhandlung.

MIX
Papier aus verantwortungsvollen Quellen
Paper from responsible sources
FSC® C105338

If you have any concerns about our products,
you can contact us on
ProductSafety@springernature.com

In case Publisher is established outside the EU,
the EU authorized representative is:
Springer Nature Customer Service Center GmbH
Europaplatz 3, 69115 Heidelberg, Germany

Printed by Libri Plureos GmbH
in Hamburg, Germany